Design and Hand-drawing Series

设计与手绘丛书

室内外手绘效果图

刘 宇 著

辽宁美术出版社

图书在版编目（ＣＩＰ）数据

室内外手绘效果图／刘宇著． —— 沈阳：辽宁美术出版社，2014.5（2016.11重印）
（设计与手绘丛书）
ISBN 978－7－5314－6084－8

Ⅰ．①室…　Ⅱ．①刘…　Ⅲ．①建筑画－绘画技法
Ⅳ．①TU204

中国版本图书馆CIP数据核字(2014)第084013号

出 版 者：辽宁美术出版社
地　　 址：沈阳市和平区民族北街29号　邮编：110001
发 行 者：辽宁美术出版社
印 刷 者：沈阳博雅润来印刷有限公司
开　　 本：889mm×1194mm　1/16
印　　 张：11
字　　 数：130千字
出版时间：2014年5月第1版
印刷时间：2016年11月第3次印刷
责任编辑：肇 齐　彭伟哲　光 辉
封面设计：范文南　洪小冬
版式设计：周雅琴
技术编辑：鲁 浪
责任校对：李 昂
ISBN 978－7－5314－6084－8
定　　 价：75.00元

邮购部电话：024－83833008
E－mail:lnmscbs@163.com
http://www.lnmscbs.com
图书如有印装质量问题请与出版部联系调换
出版部电话：024－23835227

灵感 是每位学习设计的学生都渴望的事情，但是灵感是需要在一定的环境中孕育出来的。灵感的产生属于创造性思维的范畴，表现为一种灵活多变的、不确定的思维模式。特别是在注重原创设计的今天，灵感为我们的设计打开了一扇门，它决定了设计作品的方向和特质，是原创设计中最重要的推动器。

产生"灵感" 对于思维活跃的学生并不是一件极困难的事情，但如果把头脑中的抽象思维转化为可识别的图形语言确是一个值得研究的问题。在科学技术高速发展的今天有许多方式能为我们提供便捷而快速的服务，而对于从事设计工作的人而言，通过手绘的表达方式来阐述设计思维则是最有效的途径。在设计过程中，手绘能以主动的方式不断推进设计的转化与深入，它能全面地记录设计思维发展的全过程。特别是设计草图能够把设计师潜意识的思维诱发出来，对设计方案的调整与深化起到层层推进的作用。手绘分析图使我们头脑中的灵感不断地丰满、成熟，并沿着一条正确合理的方向向前发展。

延续"灵感" 则是设计过程中最艰苦的工作，许多学生认为有一个好的想法，再画上几张设计草图设计工作便可以大功告成了，学生无法面对实际操作中的现实问题，这正是我们日常教学中假题假作的最大危害。设计是一个系统化工程，需要有科学的体系来支撑它，特别是到了设计深化阶段，细节的比例尺度，结构的穿插关系，色彩的深浅变化，光线的强弱对比等一系列问题便涌现出来，这就需要我们用手绘的方式来面对和解决这些问题，用严谨的表现图和施工图来深化设计方案，丰富细节变化。通过规范的图纸语言和科学的设计程序使设计灵感不断延续，最终成为精彩的设计作品。

　　本书立足于从全面的立场来讲解手绘的表现技法，并力图把技法的讲解与设计思维的不同阶段结合起来分析，用手绘的方式支持精彩的原创设计作品。

刘宇
2007年岁末于天津

INTRODUCTION

第一章　导言

专业表现技法课程的教学意义与目标
- 课程的教学意义
- 课程的教学目标

专业表现技法课程的主要内容与教学要求
- 课程的主要内容
- 教学的要求与考核标准

第一章 导言

第一节 专业表现技法课程的教学意义与目标

一、课程的教学意义

专业表现技法课程是高等院校建筑设计专业、艺术设计、工业设计专业的一门必修的专业基础课，此课程对学生掌握基本的设计表现方法、理解设计、深化设计、提高整体的设计能力都具有极重要的作用，因此长期受到在校学生和专业设计人员的重视。它是一个设计师表达自己设计语言最为直接和有效的方法，也是判断设计师专业水准的最有效依据。随着科学技术的快速发展，效果图的表现工具也发生了很大变化，以从原来单一的传统水粉表现发展为多种表现形式共存的局面，特别是电脑软件作图的不断完善，使设计表现的能力大大提高。但是一些青年的设计师过分依赖电脑制作而忽略了对徒手表现能力的训练，把整个设计程序简单地理解为电脑效果图的制作，这种思想和做法对于未来的设计发展是极为不利的。设计过程本身应该是一个合理而科学的体系，一切表现手段都应为其设计内容服务，而手绘表现方式应是贯彻整个设计过程的始终，为解决设计问题提供有效而快捷的方法。所以说从社会实际的需要与学生发展现状两方面来看，使学生明确学习手绘效果图技法课程的意义是十分重要的，同时从实际操作角度出发，结合教学全面提升学生设计表现的手绘能力不仅对于他们掌握手绘效果图技法具有促进作用，而且对于学生今后在设计创作实践中不断加强完善设计方案的能力也具有十分重要的意义。

二、课程的教学目标

专业表现技法课是一门以教授各类专业技法为主的专业基础课，它是学生从基础绘画课程向专业设计课程过渡的一门必修课。作为今后要从事设计专业的学生，不仅要了解表现技法的相关知识，更要能熟练地运用各种技法为实际设计项目服务。本书根据教学大纲的要求与实际操作的需要确定了课程的教学目标。首先要从理论框架上全面地了解认识有关表现技法的知识，其次通过不同技法的分类讲解、步骤图分析与优秀作品的分析，使学生们能熟练地运用钢笔、铅笔、马克笔、水粉等工具、材料进行效果图的绘制。同时加强快速设计分析与设计方案预想图的表现能力，为全方位提升设计水平打下良好的基础。

第二节 专业表现技法课程的主要内容与教学要求

一、课程的主要内容

为了使学生更全面和深入地学习专业表现技法，本课程由理论知识、技法学习和作品评析三部分组成。第一、二章为基本理论知识环节，第三章至第八章则全面介绍手绘表现技法的相关知识。其中第三章介绍了效果图的构成要素与表现类型，第四章介绍了效果图的表现原则与绘制程序，第五章分析了学好手绘图应具备的前提条件，第六章至第八章则全面地介绍了快速草图技法，马克笔、彩色铅笔、水粉、水彩等多种材料的表现技法。第九章将全面点评各类优秀的表现图，分析它们的利弊所在。

在讲授专业表现技法课时应着重训练学生对三维空间的塑造能力，并锻炼学生通过不同视角来推敲分析形体的能力，同时还要强化学生对不同光环境及特殊质感的表现能力。由于此门课程的时间较长，应分阶段训练采取循环渐进的教学方式，每个阶段应有不同侧重点的训练，并根据学生每个人不同的特点采用因材施教的方法。这样才能取得良好的教学效果。

专业表现技法课程整体安排

项目周数	表现技法教学及训练内容	作业要求	学时数
一	1、多媒体课件讲授及作品分析 2、设计草图的技法训练 ①线条组合的练习 ②用线条表现各种材料质感 ③通过线条表现各种家具、灯具 ④用线条表现室内空间结构 ⑤训练线条表现建筑形体及景观环境的能力	在 A4 或 A3 复印纸上用勾线笔绘图20张	8
二	3、马克笔技法训练 ①马克笔的笔触练习 （通过几何形体和单件家具进行笔触训练） ②用马克笔对应实景照片进行色彩及形体归纳、临摹练习。处理好室内的整体感	在 A3 复印纸绘图 5—8 张	12
三	③用马克笔配合水溶彩色铅笔对室内大场景进行技法训练，对室内整体空间气氛的把握能力 ④用马克笔配合透明水色或水彩对建筑及景观进行表现	在 A3 复印纸或特殊纸上绘图 5—8 张	16
四	4、超写实表现技法的训练 根据选择的实景照片，用水粉、水彩相结合的方式进行超写实表现	在 2 号图纸上绘图 1 张	12
五	5、喷绘表现技法的训练 采用喷绘的形式对室内外空间进行表现，同时注重光影环境的塑造	在 2 号或 4 号图纸上绘制 1 张	8
六	6、综合技法的训练运用上述几种表现手法进行综合创作	在 4 开图纸上绘图 1 张	4

二、教学的要求与考核标准

在教学中要求学生要先修一些课程，如：透视原理、设计制图等，同时在训练过程中要强化不同阶段的重点及难点，在每个阶段教学结束之后要进行水平测试，同时应注重学生个性化表现能力及创新意识的培养，对高年级的同学要把表现形式同实践真题训练相结合，加强快题设计的能力。

专业表现技法课程的主要内容与教学要求

- 课程的主要内容
- 教学的要求与考核标准

第二章　概述

CONSPECTUS

第二章 概述

第一节 效果图的概念及发展简述

一、效果图的概念

效果图又称设计表现图，它是指通过图像或图形的方式来表现设计师思维和设计理念的视觉传达手段。设计表现图是一种能够使我们准确了解设计方案、分析设计方案并科学判断设计方案的依据。它是对室内外环境设计的一种综合表达，是设计方案实施的预想图，它被广泛地应用于建筑设计、环境艺术设计、工业产品设计、广告展示设计和服装设计中，成为设计程序中必不可少的环节。

二、效果图的发展简述

在不同的时期与不同的范围，效果图有多种称谓，如设计渲染图、建筑画等，而在环境艺术领域较长期以来正确名称则是"建筑表现"（Expression Of Architecture）。然而，随着社会的进步与发展，人们对于建筑空间的要求已从原来相对单一的领域拓展至更加宽泛的领域，其范围已大大扩大。因此"建筑表现"的称谓已不能包含这种现实的要求，由此环境艺术设计表现图（或环境艺术设计效果图）这种包容性更大，也更为确切的名称诞生了。

效果图最初是画家或工匠们手里的设计草图，这些草图是使用者为设计的建筑或室内装饰所绘制的方案图，以给施工者在施工时具有明确的目标与要求。由于是具有绘画专业水准的设计师所作，因此，这些图除了具有说明性外，同时还具有很强的观赏性。早期的建筑画是用蘸水笔画在羊皮纸上，或用钢针在铜板上刻画，经腐蚀处理绘制成铜版画。到了16世纪时，出现了在纸张上作图的水彩颜料，使建筑表现图在表现形式上得到了扩展，并且在欧洲得到迅速的普及。这个传统与方法一直持续到今天，作为建筑设计专业、环境艺术设计专业以及视觉传达设计专业与工业设计专业必修的专业基础课程。

建筑画由于在西方已经历了几个世纪的历程，在文艺复兴前后，西方美术家与建筑家的划分是不十分明确的，因此曾产生了许多建筑装饰的绘画大师，如达·芬奇、米开朗琪罗等都曾用素描设计表现过宏伟的大教堂。西方新建筑运动兴起后，出现了一批现代建筑师，他们在职业创作中，使建筑绘画逐渐脱离了纯美术绘画行列，步入工程设计领域，直接为工程设计服务，因而形成了一个独立的画种。现代美国著名建筑师莱特、文丘里、格雷夫斯也都擅长以彩色铅笔表现的建筑画，在设计艺术创作的道路上，他们往往是遵循着从自然到绘画，再走向建筑的过程。

从中国古典建筑发展的历史看，尽管没有明确意义的"建筑表现图"，然而，建筑设计师的构思草图以及最初的设计全景图从某种角度讲就是具有效果图意义的"建筑表现图"。另外，在中国传统的绘画里，与建筑画相关的内容则非常的丰富多彩，如河北平县出土的战国时期的《中山王陵兆遇图》就是以金线镶嵌在石板上形成的建筑画。春秋时代的漆器残片上，也画有台榭的建筑形象。还有汉代的画像砖、石刻艺术中都有许多建筑样式或室内陈设的图形。宋代张择端所绘的《清明上河图》则十分详细地展现了当时的建筑形式和社会生活，通过风俗画的形式表现了建筑与人的关系。明清时期的园林题材作品则不胜枚举，这些作品在表达上以线为主，大都绘制在宣纸或绢上，呈现了独特的东方文化的表现风格。

第二节　效果图的作用及意义

设计效果图是一种能够形象而直观地表达室内外空间结构关系、整体环境氛围并具有很强的艺术感染力的设计表达方式。它在工程投标及设计方案的最后定稿中往往起到了很重要的作用。有时一张效果图的好坏甚至直接影响到该设计方案的审定。因为效果图提供了工程竣工后的效果，有着先入为主的作用，所以一张准确合理且表现力极强的优秀效果图有助于得到委托方和审批者的认可与选用。

效果图的平面表现方式与其他表现方式（如模型制作、3D动画制作）相比，它又具有绘制相对容易、速度快、成本低等优点，因此这种方式也已经成为建筑设计、环境艺术设计等领域最受欢迎并广泛使用的手段。它也是设计师之间沟通设计思路最为有效的途径。我们可以把效果图的实际作用归纳为以下两点：

效果图的作用及意义

第一点： 效果图是整个设计环节中重要的组成部分，为设计方案的确定和修改提供了最直观的依据。建筑设计和环境艺术设计都是复杂而综合的工作，作为设计师在接受设计任务时，首先要在思想上尽快了解设计内容与意图，并且对设计造型与整体风格形成一个统一的设计构思，然后按照先整体后局部的模式，先考虑对象的外部造型和环境再对其内容和细节进行构思，从设计初级阶段开始用设计草图的方法进行平面、立面分析，然后利用马克笔、彩色铅笔结合的方法进行空间推敲，对灯光、材质等细节进行表现，在对所有设计要素进行全面分析后可以绘制大场景的设计效果图，然后我们与委托方进行方案的沟通，对设计构思进行补充与完善，在此过程中设计师的设计理念也是不断完善和发展的。我们也可以利用手绘表现图的方式进行方案的修改与调整，所以说整个设计的各项环节都是由表现图来贯穿的，它可以从多角度更直观地来分析对象，发现并解决问题，我们也可以利用多种表现形式来实现多样化的设计风格。正确地理解设计表现图的作用，将促进整个设计过程的一体化，并将使设计对象的使用功能、色彩形象、内部和外部造型、环境和装饰等方面的构思更为统一。

第二点： 效果图是专业设计师与非专业人员沟通最好的媒介，对于设计思路的统一及设计方案的最终确定起到了重要的作用。设计是一项非常专业的工作，设计师以自己超凡的艺术想象，结合严密的逻辑思维，借助各种丰富而专业的知识，构建起具体设计方案。方案是从梦想向现实迈进的一个重要过程，是设计师思维最为艰辛和复杂的阶段，这里既有形象的推敲，又有逻辑的思辨。然而，各种平、立、剖面图尽管能准确与完整地反映出设计对象的基本形态，但由于它过于专业，具有一定的抽象性，还是难以表达出人们对它的直接感受，设计师借助于透视效果图来表达自己的艺术想象和创造力，所以它是设计师构思反映的主要工具。在设计师完成设计方案后，效果图承担起与外界沟通交流的媒介"职责"。对非专业人士来说，形象化的表达是最容易理解的，而内涵丰富具有艺术感染力，能够完整体现设计师丰富想象力与各方面文化修养的效果图，使人有一种身临其境的真实感，也是最易打动人心的，由此对决策必然会产生一定作用。所以在现在的竞标和送审方案中，效果图表现就成为了设计者十分重视的一个环节，一幅出色的效果图是既能起到实用的分析推敲作用，又有赏心悦目的艺术价值。但从目前普遍的情况来看，大多数的效果图尚停留在直观的形象表现的浅层次上，少有结合方案的设计构思、内容特色等为基础绘制出有个性的、与方案相得益彰的表现图来。这方面我们与境外的高水平设计公司有很大的差距。因此，一个优秀的设计师，除了要求有广博扎实的工程设计知识外，还必须掌握专业性很强的艺术绘画技法，才能绘制出具有设计创意、文化氛围及理想境界的效果图。

近些年来，随着科学技术的高速发展，新的表现技法、新的材料开发及客户日新月异多样化的要求，已经使效果图的绘制进入了一个新的领域，而且，在经济腾飞发展的今天，它已成为设计交流和设计竞争的重要手段。

第三章 效果图的构成要素与表现类型

INSCAPES

AND

EXPRESSING

STYLES

FOR

ILLUSTRATION

第三章 效果图的构成要素与表现类型

第一节 效果图的构成要素

效果图的构成要素及研究范围

效果图的涉及范围十分宽泛，在建筑设计、环境艺术设计、展示设计等方面都得到了广泛的运用，一切与这些内容相关的专业知识都属于我们必须要了解和掌握的范围（如：建筑设计、环境艺术设计中相关的材料特性，室内外空间的划分方法及不同类型空间的营造手法，以及规范的家具、灯饰的标准尺寸等），而最主要的则是要研究与效果图技法有直接关系的内容（如专业透视的画法、明暗与色彩的关系、材料质感的表达、整体光环境的把握、各种相关绘图工具与材料的运用、各种效果图的表现程序等）。

构成表现图的基本要素是：设计思维、透视方法、明暗色彩与材质肌理，这四点是基本要素，因此合理、准确、艺术地把握和处理好这些关系是形成具有生命力的优秀表现图的关键。

一、设计思维

设计思维是设计师对设计项目的立意与构思，它是整体设计方案的根源。设计的一切工作展开都以此为中心。因此无论采用何种效果图的绘制技法，无论画面所塑造的空间、形态、色彩光影和气氛效果怎样，都应围绕设计立意与构思展开，在设计分析的初期阶段，设计师头脑中的思维是多变和混乱的，设计灵感的火花也是跳跃式出现的。这时构思草图起到了很大帮助，通常设计师的构思要经过许多因素的连续思考才能完成，有时也会产生偶发的感觉意识和意外的联想，甚至一些梦中的幻觉都有意识或无意识地促使设计者从中获得灵感，而这些转念即逝的灵感都需要用设计草图的方式来记录，把点滴的灵感用草图的方式加以整理和分析形成整体空间设计的主线，另外正确地把握设计立意与构思，在表现图的画面上尽可能多的传递出设计师独特的设计思想与目的，创造出符合设计本意的最佳效果，这是学习效果图技法的首要着眼点。

在当今的社会中许多专业设计师都埋头于对技术知识、结构构造的钻研，而忽略了对自身艺术功底和艺术修养的培养，当然前者是设计师所应具备的基本技能之一，我们不能忽视它的重要性，而后者我们更加不能轻视，它是对设计师综合职业素质的一种全方位完善，它能使设计师的作品蕴涵更多的艺术气质，我们应该在满足技术知识的同时，更强调设计思路的艺术表达，不断加强自身的文化艺术修养，培养独特的创意思维和厚重的艺术表现力。

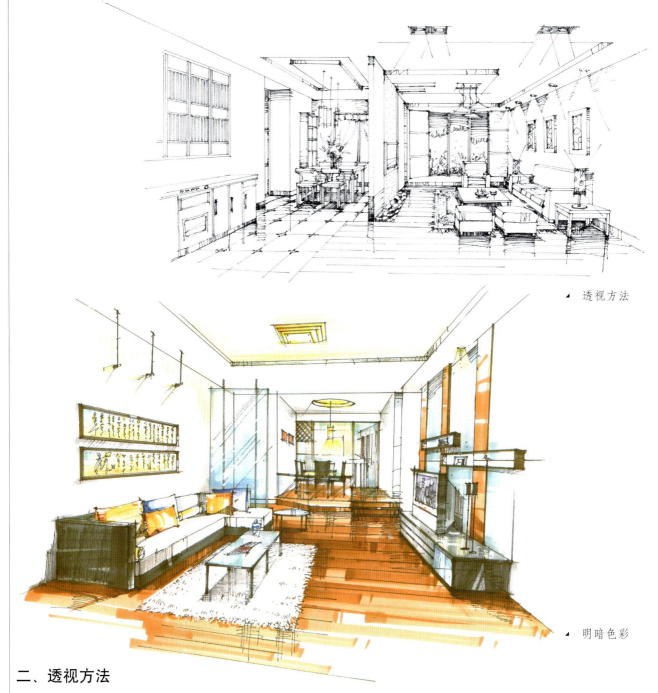

▲ 透视方法

▲ 明暗色彩

二、透视方法

　　掌握好透视方法是学习好手绘效果图的关键因素，我们在头脑中的一切设计元素都是通过具体的造型呈现在图面上的，而这些造型的大小、比例、位置都需要通过科学而严谨的透视求出来，而违背了透视法则的错误的表现方式也必定会带给人错误的理解，因此作为表现图的绘制人员必须掌握正确的透视方法，并且能和设计方案的表达完美地结合起来，通过二维空间熟练地绘制三维空间的表现图，并通过结构分析的方法来对各个造型之间的关系进行推敲，使整个图面效果具有空间明确、造型严谨、表现清晰的特点。

三、明暗色彩

　　透视是以线造型为主的表现手法，但一张血肉丰满的效果图还应赋予明暗和色彩的变化，明暗的黑白灰关系能巧妙地加强画面的层次效果，使其变化的丰富而含蓄。色彩在室内空间起到烘托室内气氛、营造室内情调的作用，通过视觉对色彩的反映作用于人的心理感受从而产生某种联想，而画面的色彩环境会丰富整体画面的气氛，增强视觉冲击力。

四、材质肌理

　　人们对于一幅优秀效果图的良好感受源于设计师在其构成空间中物体材质的真实再现，装饰材料的种类繁多，如何在设计中运用好材料并准确地表现出来是设计师整体能力的重要体现，而不同的材质其质感肌理不同表现的手法也差异极大，同时在整体光环境的笼罩下材质受到光源色和环境色的影响也为其表现增加了难度，所以说认真研究与空间环境有关的材质肌理的特点是设计师在绘制表现图时应加强的技能。

第二节　表现图的分类及特征

　　在环境艺术设计领域中，由于效果图的内容、作用、要求及表现手法都存在着一定的差异，基于不同的角度我们可以将其如下分类。

一、按表现内容分类

　　按表现内容分类，环境艺术效果图可以分为室内效果图、建筑效果图、景观效果图。室内效果图主要用于室内空间及装饰的设计，从空间构成的形态上看，室内效果图所表现的范围包括：住宅室内空间、商业室内空间、公共室内空间等。建筑效果图主要是研究建筑内部空间与外部造型之间的关系，其目的是为了更直观准确地表达建筑外部空间形态。景观效果图主要是为了更准确详实地表达景观设计方案，主要涉及的内容是广场景观、社区景观、街道景观、公园景观等。

二、按表现作用分类

　　按照表现作用分类，环境艺术效果图可以分为构思创意草图与效果表现图两类。

　　构思创意草图是设计初级阶段最常用的表现方法，设计师在设计思考过程中用快速的方式捕捉设计灵感，用大量草图来推敲造型变化，在交流设计方案时也会运用草图对设计方案进行分析，这类草图随意性很强，绘制方法简单、快捷，表现手法多样。

　　效果表现图是指经过设计师反复推敲分析之后被最终确定方案的效果图，由于已经被设计方确定为正式方案，所以在绘制时往往格外细心，会投入很大精力认真进行绘制，充分表现设计意图，以及空间、材质、照明的最终效果。为施工后的最终效果提供参考的依据。

三、按表现手法分类

按表现手法分类，环境艺术效果图可以分为手绘效果图和电脑效果图两类。

手绘效果图是一种较为传统的表现形式，其方式贯穿于整个设计过程始终，设计师通过手绘效果图来表达自己的设计构思，完善自己的设计方案，手绘效果图由于表现工具不同也可以分为铅笔、马克笔、水彩、水粉等多种形式。手绘表现图的表现极具个性化，它不仅能反映出设计师的构思想法，也能反映出其艺术的修养，所以一张好的手绘表现图是设计与艺术完美的结合。

电脑效果图是通过设计软件的操作运算来进行效果图绘制的一种新方式，现在通常用到的设计软件如3DMAX、Lightscape、Vray……电脑效果图操作程序化、简单化的特点能非常准确逼真地模仿各种材质效果，具有手绘所无法达到的真实效果，但其缺点是过于死板，模式化太强，缺乏个性化的表现，容易形成千篇一律的效果。

第四章　手绘表现图的表现原则与绘制程序

手绘表现图作为一种设计表达方式，它的一个重要特征就是要具有可实施性，设计方案不能只是设计师个人主观的凭空想象和不切实际的纸上谈兵，它必须是艺术表现与现实操作的结合，因此设计表现图应该是严谨而具有逻辑的，同时作为反映设计师思想的表现图则更应该遵循真实性、科学性和艺术性的基本原则。

第四章　手绘表现图的表现原则与绘制程序

第一节　手绘表现图的表现原则

一、真实地反映客观现实

　　表现图比其他设计图纸更具有说明性，而这种说明性就体现在表现的真实性之中。设计项目的决策者都是从表现图上来领略设计构思和工程施工后的效果，所以表现图的效果必须符合设计环境的客观现实，如建筑、环境与物体的空间体量尺度以装饰材料、光线色彩、造型样式等诸多方面都必须符合设计师所设计的要求和效果，而现在许多刚进入社会的年轻设计师为了片面追求画面效果，不切实际地脱离真实尺寸而随心所欲地改变空间限定或完全背离客观的设计内容，而主观片面地追求画面的某种特殊效果，其采用随意扩大空间视角的做法，使空间产生比例上的错觉等做法，因此把真实的放映客观现实作为绘制表现图的第一原则是十分必要的。

二、科学地再现实施效果

　　科学性原则就是为了保证效果图的真实性，避免在效果图的绘制过程中出现随意或曲解，必须按照科学的态度对待画面表现上的每一个环节。科学性原则的本质是规范与准确，它是建立在合理而逻辑的基础之上的。它要求绘制者首先必须要具有科学的态度对待这项工作，要以科学的思想来认识与运用相关学科的知识，以科学的程序与方法来保证这项工作的顺利进行，这是确保效果图体现设计作品真实性与本身科学性的关键。因此无论是起稿、作图或者对光影、色彩的处理，都必须遵从透视学和色彩学的基本规律与作画程序规范，并准确地把握设计数据与设计原始的感受要求。这种近乎程式化的理性处理过程的好处往往是先繁后简、先苦后甜，草率从事的结果就会无从把握原设计的要求，或难以协调画面的各种关系而产生欲速则不达的情况发生，所以，以科学的态度对待效果图绘制工作是确保效果图存在价值的重要条件。当然作为一名优秀的设计师，我们也不能把严谨的科学态度看做一成不变的教条，当你能够熟练地把握这些科学的规律与法则，掌握各种表现技法之后，就会完成从必然王国到自然王国的过渡，就能灵活的而不是死板的、创造性的而不是随意的完成设计最佳效果的表现。

科学性原则是效果图绘画存在的重要条件，它在效果图实现过程中主要体现在以下几个方面：

首先，建筑、环境与展示设计本身就是具有科学性的，效果图同样也应该是这些科学的反映。因此，无论是物体与空间的大小，长宽度的比例，还是具体天顶造型、地板图案、灯具设计以及室内陈设，包括材料质感以及光影的变化等，凡设计中存在的，都应准确、科学、真实地在效果图中反映出来。其二，效果图表现的内容与方法也必须是科学的。透视与阴影的概念是科学的，光与色的变化规律也是科学的，空间形态比例的判定、构思的均衡、水分干湿程度的把握、绘图材料与工具的选择和使用等也都无不含有科学的道理。其三，效果图绘制的程序也应该是科学的。效果图的绘制不同于一般的绘画，它必须按照一定的绘制程序与方法进行，如必须先起透视稿，然后进行整体上色，再进一步刻画重点，最后加强光影变化的处理等。这些程序与方法是无数效果图画家长期以来总结的经验，也是这个画种独特的风格与要求，它是确保效果图绘制成功的关键。

三、艺术地表现画面效果

艺术性的原则就是指表现图的绘制必须在尊重设计方案的前提下，根据表现对象的内容不同，所选视点不同及表现手法的不同，用艺术化的方式表现其内在的生命力。

艺术性原则的本质是对创造的理解与表达。建筑、环境艺术与展示设计是一项有关实用空间的艺术性创造。而效果图则是反映这种艺术创造思想最恰当、完美与有效的表现方法。因此，效果图的绘制必须在充分理解设计意图后进行，这样不仅可以完美地反映设计创意的艺术价值，同时又体现了效果图本身所具有的艺术魅力。

具有高超艺术性表达的效果图作品不仅吸引人，同样也能成为一件赏心悦目且具有较高艺术品位的绘画艺术作品。因此，许多优秀的效果图作品成为了我们艺术的经典。近年来，成功地举办过若干建筑及室内效果图的比赛和展览或出版的画册得到普遍的赞赏就是证明，一些收藏家与业主还将效果图当做室内陈设悬挂于墙上，这都充分显示了一幅精彩的效果图所具有的艺术魅力。自然，这种艺术魅力必须是建立在真实性和科学性基础之上的，也必须建立在造型艺术严格的基本功训练的基础之上。所以，要成为一名绘制效果图的高手，并使其作品具有较高的艺术性，首先，它必须要具有一定的人文知识与专业设计知识，这是他理解设计与创造的基础。一幅效果图作品艺术性的强弱，取决于画者本人对设计的理解与艺术素养及气质。不同手法、技巧与风格的效果图，充分展示出作者的个性，每个画者都要以自己的灵性、感受去解读设计图纸，然后用自己的艺术语言去阐释、表现设计的效果，这样才使效果图变得五彩纷呈、美不胜收。其二，他必须掌握高超的造型与色彩的处理方法。绘画方面的素描、色彩的表现技术，构图、质感、光感的空间气氛的营造，点、线、面构成规律运用于视觉图形的感受等方法与技巧的运用，必然大大地增强效果图的艺术感染力。在真实的前提下，合理的适度夸张、概括与取舍是必要的。罗列所有的细节只能给人以繁杂、不分主次的面面俱到，只能给人以平淡。选择最佳的表现角度、最佳的光色配置、最佳的环境气氛，本身就是一种在真实基础上的艺术创造，也是设计自身的进一步深化。

效果图的艺术性同时还体现在作品的个性化特征方面。一件有个性魅力的作品是最能打动人心的，个性是一个没有捷径或方法可以传授的内涵语言，作品的个性是作者本身个人风格的自然流露。当然，这种"自然流露"并不是每个人自身性格的任意直白，而是艺术家通过刻苦的磨炼，将自己的性情、爱好、修养升华为艺术情态，再融进作品之中。所以，作为一名成熟的效果图画家，其艺术风格的多样性都不是通过刻意去追求而得来的，而是其修养与技术综合的体现。效果图的最高艺术境界就是画家在作品中挥洒出自己的心意韵趣，虽然它描绘的是客观实景，但从其所描写的对象环境空间中，使其体会到画面本身都是作为一种艺术形式而存在的。所以，今天我们学习效果图绘画的意义就不仅在于表现构思，还有一个潜移默化的作用就是提高我们的艺术修养。设计师的职业之所以受人尊敬，是因为他的创造力和想象力是建立在渊博的文化知识、细心的生活体验和良好的艺术修养上的。

第二节　手绘效果图的绘制程序

绘制手绘效果图要遵循一定的程序，掌握正确科学的程序对表现图效果的提高有很大的帮助，同时也可以提高绘图的速度和质量。

一、设计构思阶段

在绘制效果图之前首先要解决设计构思的问题。对于设计的基本方案应有整体的规划，包括平面布局的空间划分、空间形态的组织、室内造型的形态变化、整体色彩的布局与搭配、装饰材料的选择与工艺要求等细节都应考虑周到。我们经常会看到许多学生盲目地进行绘图，边画图边设计，在画面上涂改多遍，严重影响了

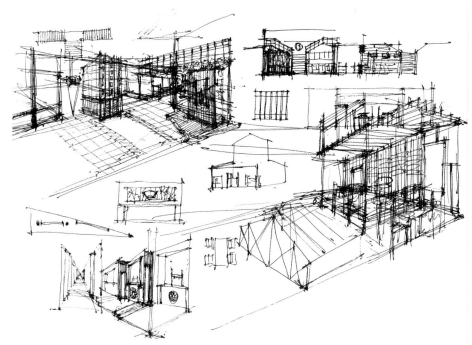

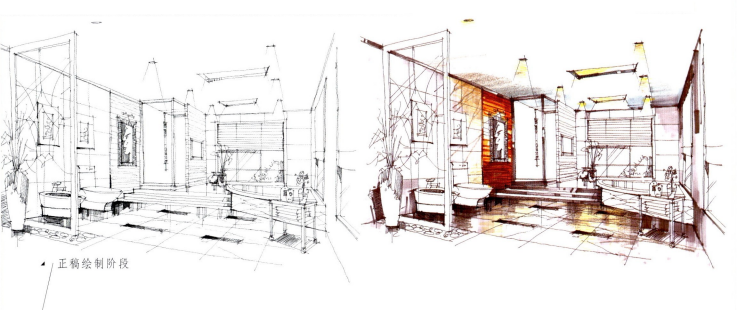

正稿绘制阶段

画者的情绪和表现图的质量。我们提倡的最好做法是先设计后画表现图，先把设计的主要问题解决，作到心中有数、胸有成竹再开始进行效果图的表现。当然这两者之间的关系也不是完全割裂开的，在进行前期设计工作时我们提倡多用草图的方式进行推敲，草图是进行设计方案沟通的最有效的方式之一，它的具体作用和表现形式我们在第六章会着重讲述。我们设计方案整体构思确定后要选择表现图的最佳表现方式，首先要解决构图问题，根据要表现的内容主次关系及视角的角度来确定构图的方式。我们可以利用多种构图方式，例如：平行透视、成角透视、三点透视、鸟瞰透视等方式来表现设计创意，同时还要考虑到画面的前后空间关系及虚实的变化。其次要考虑的是画面中的明暗关系，影响明暗变化关系的有两方面因素，其一是光线的照射方式，光线的照射方式很多有以天光为主的自然照明方式，也有以室内灯具为主的人工照明方式，光照的情况决定了室内的不同气氛和空间明暗变化；其二是所选用的装饰材料及家具饰品的材质特性，不同的材质有其自身的特点，木质材料天然而质朴，玻璃材料光亮而透明，金属材料坚硬而冰冷，纺织品材料细腻而松软，其不同的特性构成了其不同的固有色和反光度，所以说光照的形式和材质的特性在很大程度上决定了室内的明暗关系。最后我们要选择适当的工具来绘制效果图，绘制表现图的工具有许多种，其方法与效果也各不相同，我们要根据表现的要求来选择工具，并发挥其特点来充分满足不同的画面效果。铅笔草图的表现速度快，但概念方案性太强缺乏细节的处理，水粉写实的表现图十分逼真，但不易修改，马克笔和彩色铅笔相结合的表现图快捷而生动，但缺乏对光感的刻画能力，所以说，我们应认真分析其特性，选择最适当的表现手段来满足我们的表现目的。

二、正稿绘制阶段

正稿的绘制是整个绘图的中心环节，绘图不断深入的过程也是设计自身不断完善的过程，在正稿绘制阶段我们也要从三个方面来分析。

第一方面：底稿的绘制。底稿我们多用H、HB的铅笔来完成，如果绘图者基本功熟练，画面控制能力强，也可以用勾线笔直接起稿，但我们建议初学者绘制前最好用拷贝纸，拷贝底稿并准确地画出物体及室内空间的轮廓线，再选用不同的描图笔进行绘制，这样可以减少涂改的次数，同时保证画面的清洁。

手绘效果图的绘制程序

- 正稿绘制阶段
- 后期的调整阶段

第二方面：逐步着色阶段。着色阶段应根据先整体后局部的方式来进行，先确定画面的整体色调，绘制整体的环境气氛，要作到；整体用色准确，落笔大胆，以放松为主，局部小心细致，行笔稳健，以严谨为主，采用层层深入的绘制方式。

第三方面：质感的表现。质感的准确绘制是效果图的重要因素之一。在大色调准确表现之后，要利用小笔触刻画细节来表现质感的特性，尤其是要刻画在光照环境下的质感变化，特别是一些反光物体的刻画要做到准确到位，这样才能大大提升画面的效果。

三、后期的调整阶段

我们要根据表现图的不同表现手段来进行后期调整，在大效果基本不变的情况下做局部的刻画处理，要尽力突出表现的重点和细节，但不要面面俱到，同时要注意图面边缘线的处理，需在完成前予以校正，在表现图整体绘制好后，再根据其绘画风格和色彩选定装裱的手法。

▲ 正稿绘制阶段

▲ 后期的调整阶段

表现技法课程主要是对专业技能进行培养和训练，但一张效果图却是绘画技法和设计水平的综合体现，我们不能一味地强调技法而忽略了内在的设计思想，同时我们应在学习中不断尝试和总结一些新的表现手段，多从其他优秀表现图上吸取他人优点，在表现技能日臻完善的同时努力提升自己的设计水平。

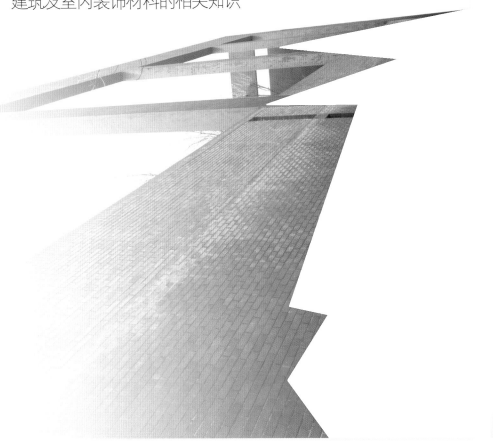

第五章　学习手绘表现技法的基础准备

"透视"（perspective）一词的含义就是透过透明平面来观察景物，从而研究物体投影成形的法则，即在平面空间中研究立体造型的规律。因此，它即是在平面二维空间上研究如何把我们看到的物象投影成形的原理和法则的学科。透视学中投影成形的原理和法则属于自然科学的范畴，但在透视原理的实际运用中确实为实现画家的创作意图、设计师的设计目的而服务。所以我们在了解透视原理的基础上更要掌握艺术的造型规律，使二者科学地结合起来。

透视学是一门专业的学科，它是我们学习效果图技法之前就应该已经掌握的一门学科，因此，有关透视的全面知识在这里我们不进行详细的介绍，而是将一些相关的重点内容在做一些提示。

第五章　学习手绘表现技法的基础准备

第一节　透视图的基本原理

一、透视的基本概念名称

为了研究透视的规律和法则，人们拟定了一定的条件和术语名称，这些术语名称表示一定的概念，在研究透视学的过程中经常需要使用。

常用术语：现结合例图介绍一些透视的常用名称。

(1) 基面（GP）——放置物体（观察对象）的平面。基面是透视学中假设的作为基准的水平面，在透视学中基面永远处于水平状态。

(2) 景物（W）——描绘的对象。

(3) 视点（EP）——画者观察物象时眼睛所在的位置叫视点。它是透视投影的中心，所以又叫投影中心。

(4) 站点（SP）——从视点作垂直于基面的交点。即视点在基面上的正投影叫立点，通俗地讲，立点就是画者站立在基面上的位置。

(5) 视高（EL）——视点到基点的垂直距离叫视高，也就是视点至立点的距离。

(6) 画面（PP）——人与景物间的假设面。透视学中为了把一切立体的形象都容纳在一个平面上，在人眼注视方向假设有一块大无边际的透明玻璃，这个假想的透明平面叫做画面，或理论画面。

(7) 基线（GL）——画面与基面的交线叫基线。

(8) 视平线（HL）——视平线指与视点同高并通过视心点的假想水平线。

(9) 消灭点（VP）——与视线平行的诸线条在无穷远交汇集中的点，亦可称消失点。

(10) 视心（CV）——由视点正垂直于画面的点叫视心。

二、透视图分类

透视图一般分为四种：一点透视、二点透视、三点透视和轴测图画法，我们下面分别进行介绍：

一点透视

一点透视也叫平行透视。一点透视如图所示，其特点是物体一个主要面平行于画面，而其他面垂直于画面。所以绘画者正对物体的面与画面平行，物体所有与画面垂直的线，其透视有消灭点，且消失点集中在视平线上并与视心点重合。这种一点透视的方法对表现大空间的尺度十分适宜。

一点变两点斜透视。还有一种接近于一点透视的特殊类型，即水平方向的平行线在视平线上还有一个消失点。这种透视善于表现较大的画面场景。一点透视纵深感强，表现的范围宽广，适于表现庄重、严肃的室内空间。因此这些透视法一般用于画室内装饰、庭园、街景或表达物体正面形象的透视图。但其缺点是比较呆板，画面缺乏灵活变化。

二点透视

二点透视也叫成角透视，是指物体有一组垂直线与画面平行，其他两组线均与画面成某一角度，而每组各有一个消失点。因此，成角透视有两个消失点。由于二点透视较自由、灵活，反映的空间接近于人的真实感受，易表现体积感及明暗对比效果，因此，这种透视法比较多的使用在室内小空间及室外景观效果图的表现中。缺点是如果角度选择不好容易产生视觉变形效果。

透视图的基本原理
■　　透视图分类
绘画造型的基本能力
■　　素描基础

三点透视

　　三点透视，又称〝斜角透视〞，物
体倾斜于画面，任何一条边不平行于画
面，其透视分别消失于三个消灭点。三点
透视有俯视与仰视两种。三点透视一般运
用较少，适用于室外高空俯视图或近距离
的高大建筑物的绘画。三点透视的特点是
角度比较夸张，透视纵深感强。

轴测图画法

　　轴测图画法是利用正、斜平行投影
的方法，产生三轴立面的图像效果，并
通过三轴确定物体的长、宽、高三维尺
寸。同时反映物体三个面的造型，利用
这种方式形成的图像称为轴测图。

　　在实际设计中用尺规求作透视图过程复杂，费时较多，一般我们会采用直接徒手绘制透视图，但要求制图者有较
强的基本功，能对透视原理进行熟练的应用，在进行徒手绘制时要先确定画面中的主立面尺寸，并选择好视点，然后
引出房屋的顶角和地角线，在刻画室内造型及家具时，要从画面的中心部分开始画，并且尽可能的少绘制辅助线，而
要学会通过一个物体与室内大空间的比例尺度推导出其他物体的位置和造型，同时要学会把握整体画面关系，在复杂
的变化中寻找统一的规律。

素描是造型艺术的基础，也是绘画艺术、建筑设计、室内设计等学科进行训练的基础课程，而室内表现图又是室内设计中重要的表现手法之一。它与绘画艺术表现既有很大的区别，又有一定的联系。由于实际应用的功能性，要求它在表现上不仅要忠于实际的空间，又要对实际空间进行精练的概括，同时还要表现出空间中材料的色彩与质感；表现出空间中丰富的光影变化。

　　在室内效果表现图的几个要素之中，比较重要的就是素描关系。素描是塑造形体最基本手法，其中的造型因素有以下几个方面。

一、素描基础
（一）构图的基本原则
　　构图意指画面的布局和视点的选择，这一内容可以和透视部分结合来看。构图也叫"经营位置"，是设计表现图所绘制的重要组成要素。

　　表现图的构图首先一定要表现出空间内的设计内容，并使其在画面的位置恰到好处。所以在构图之前要对施工图纸进行完全的消化，选择好角度与视高，待考虑成熟之后可再做进一步的透视图。在效果表现图中的构图也有一些基本的规律可以遵循。

1. 主体分明：每一张设计表现图所表现的空间都会有一个主体，在表现的时候，构图中要把主体放在比较重要的位置，使其成为视觉的中心，突出其在画面中的作用。比如图面的中部或者透视的灭点方向等，也可以在表现中利用素描明暗调子把光线集中在主体上，加强主体的明暗变化。

2. 画面均衡与疏密：因表现图所要表现的空间内物体的位置在图中不能任意的移动而达到构图的要求，所以就要在构图时选好角度，使各部分物体在比重安排上基本相称，使画面平衡而稳定。基本上有两种取得均衡的方式：

（1）对称的均衡：在表现比较庄重的空间设计图中，对称是一条基本的法则，而在表现非正规即活泼的空间时，在构图上却要求打破对称，一般情况下要求画面有近景、中景和远景，这样才能使画面更丰富，更有层次感。

（2）明度的均衡：在一幅好的表现图中，素描关系的好坏直接影响到画面的最终效果。一幅好图其中黑白灰的对比面积是不能相等的，黑白两色的面积要少，而占画面绝大部分面积的是灰色。要充分利用灰色层次丰富的特点来丰富画面关系。

绘画造型的基本能力

- 素描基础
- 色彩基础

而疏密变化则分为形体的疏密与线条疏密或二者的组合，也就是点、线、面的关系。密度变化处理不好画面就会产生拥挤或分散的现象，从而缺乏层次变化和节奏感，使表现图看起来呆板，无味，缺乏生动的变化。构图的成功与否直接关系到一幅表现图的成败。不同的线条和形体在画面中产生不同的视觉和艺术效应。好的构图能体现表现内容的和谐统一，并充分体现效果图的内在意境。

（二）形体的表现方法

一幅表现图是由各种不同的形体构成的，而不同的形体则是由各种基本的结构组成的，不同的结构以不同的比例结合成不同的形体，这样才得以丰富多彩，所以说最本质的是物体的结构，它不会受到光影和明暗的制约。人们之所以能认识物体，首先是从物体的形状入手的，之后才是色彩与明暗，形体与色彩两方面相互依存。形体又基本上以两种形态存在着：一种是无序的自然形态；一种是人造形态，而我们可以把这两种不同的形态都还原为组成它的几何要素，这一点在进行快速表现时是十分重要的，这也是设计师对形体认识的意识转变，所以一些复杂的形体可以以简单几何形体的组合来理解它、把握它。

在室内表现图的素描基本训练中，可以先进行结构素描训练，从简单的几何形体到复杂的组合形体，有机形体以单线表现形体为手段。从外表入手，深入内部结构，准确地在二维空间中塑造三维的立体形态。

（三）光线的虚实关系

在掌握形体的基础上，为进一步表现空间感和立体感就要加入光线的因素。在视知觉中，一切物体形状的存在是因为有了光线的折射，产生了明暗关系的变化才显现出来。因此，形和明暗关系则是所有表达要素中最基本的条件。然后才依次是由光线作用下的色彩、光感、图案、肌理、质感等感觉。光源分为自然光源和人造光源，而室内表现图一般比较注重人造光源的光照规律。不同的光照方式对物体产生不同的明暗变化，从而对形体的表现产生很大的影响。顺光以亮部为主，暗部和投影的面积都很少，变化也较少。在市内的光源照射下会产生不同程度的冷暖变化，要注重冷暖光源的层次以及不同光照方式的特点。

在表现图中的物体由于光线的照射会产生黑、白、灰三个大面，而每个物体由于它们离光线的远近不同、角度不同、质感不同和固有色不同所产生的黑、白、灰的层次各不相同。如果细分下来物体的明暗可以分成：高光、受光、背光、反光和投影。再用马克笔和彩色铅笔绘图时要注重这种不同光影层次的变化，在做画的过程中，一定要分析各物体的明暗变化规律，把明暗的表现同对体面的分析统一起来。

二、 色彩基础

构成室内的三大要素是形体、质感和色彩。色彩会使人产生各种各样的情感，影响人的心理感受。同样色彩在专业表现技法中也占有十分重要的位置，设计人员需要表现的环境是哪一种色调以及环境中物体的材料、色泽、质感等都需要通过色彩的表现来完成。色彩本身是很感性的问题，所以在运用时需要我们用理性的态度加以把握。色彩会影响人的情绪和精神，运用良好的色彩感觉绘制出来的表现图不仅能准确地表达室内色调及环境，而且能给人创造出愉悦的心理感受。这就需要设计人员不断地学习理论知识并在实践中长期地积累经验。

（一）色彩的对比与调和

根据色彩对比与协调的属性，可以进一步了解色彩的特性。当色与色相邻时，与单独见到这种色的感觉是不一样的，这就是色彩的对比现象。了解和利用这个特点，可以对室内外设计的色彩关系处理起到重要的指导作用。

1．色相对比

　　两种不同的色彩并置，通过比较而显出色相的差异，就是色相对比。例如：红与绿、黄与紫、蓝与橙。类似这样的两个色称为补色。补色相并置，其色相不变，但纯度增高。

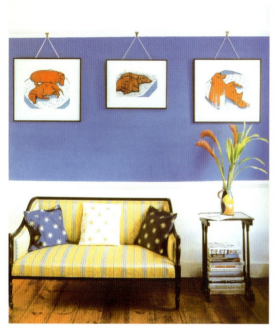

2．明度对比

　　明度不同的两色并置，明度高的色看起来越发明亮，而明度低的色看起来更暗一些，像这样明度差异增大的现象就是明度对比。在室内设计中，突出形态主要靠明度对比。若想使一个形态产生有力的影响，必须使它和周围的色彩有强的明度差。反过来讲，要削弱一个形状的影响，就应减弱它与背景的明度差。

3．纯度对比

　　纯度不同的两个色相邻时，将形成明显的反差。纯度高的色更显得鲜艳，而纯度低的色则更显暗浊。室内设计中所用的材料，其颜色大都是不同程度含灰的非饱和色，而它们的颜色在纯度上的微妙变化将会使材料产生新的相貌和情调。

（二）色彩在室内设计中的作用

1．烘托室内气氛，营造室内情调

　　通过视觉对色彩的反映作用于人的心理感受，从而产生某种联想，引起感情方面的变化。不同的色彩能营造不同的室内气氛和室内情调，从而让人产生不同的心理感受。如：

　　白色——明确、单纯、明朗。

　　黑色——严肃、沉稳、凝重。

　　灰色——中性、单调、均衡。

　　红色——热烈、活力、注目。

　　橙色——温和、快乐、甜美。

　　绿色——安全、自然、和睦。

　　紫色——典雅、神气、高贵。

　　蓝色——寒冷、纯净、广阔。

　　我们可以运用色彩的象征性来控制表现图的色调，有目的的强化色彩倾向，调节表现图的室内气氛。

2．吸引或转移视线

通过色彩对比的强弱，来吸引观察者的视线是常用的手法之一。在室内突出的重点部位，可以强化其色彩对比多运用补色增强视觉冲击力。在室内空间分割或转折的部位也可以运用色彩加以分割，表明空间的特定局域性，使空间有较强的整体感。

3．调节室内空间的大小

人们对色彩的感受是靠眼睛作用获得的，是一种生理现象。不同波长的色彩会形成不同的色彩感觉，波长较长的暖色具有扩张和超前感，会使一定的室内面积增大；而波长较短的寒色具有收缩性和滞后感；处于中等波长的色彩则具有中间感觉，有一种稳定感。学习并运用好色彩的空间作用，对于预想效果图的绘制与表现具有很好的指导意义。

4. 材质肌理的表现

在构成室内空间的诸多要素之中，肌理是不可忽视的内容。因各种材料表面的组织结构不同，吸收与反射光的能力也各不相同，所以必将影响到材料表面的色彩。表面光洁度高的材料，如大理石、花岗岩和抛光瓷砖，其反光能力很强，色彩不太稳定，其明度与纯度都有所提高。而粗糙的表面反光率很低，如毛面花岗岩、地毯以及纺织面料色彩稳定。可表面粗糙到一定程度之后，明度和纯度比实际偏低。因此，同一种材料由于其表面肌理不同,进而引起颜色的差异。肌理可分为视觉肌理和触觉肌理两种。视觉肌理能引起人们不同的心理感受。例如，丝绸面料给人以柔软、华贵的色彩感觉，西班牙米黄大理石给人以亲切和富丽的色彩感觉。红橡木和枫木给人以淳朴而温暖的自然美，黑胡桃木则给人以坚硬、凝重的感觉。

素描基础和色彩基础是设计人员艺术能力的体现，这些都需要较长时间的积累，同时要在实践训练中不断加强自身艺术修养。

第三节 建筑及室内装饰材料的相关知识

装饰材料是设计的一个重要方面，也是效果图所牵涉到的一个重要表现环节，然而它的表现却常常被绘图者所忽略。其实建筑装潢材料知识是每一个从事效果图绘制的人员必须具备的基本知识，因为效果图所表现的设计对象是必须要通过具体的媒介来实现的，而建筑装饰材料就是建筑设计、环境艺术设计与广告展示设计中主要与常用的材料，因此，了解与掌握建筑装饰材料的基本知识，如材料的种类、名称、性能与视觉特点等，对准确地进行效果图画面的材料描绘，真切地进行绘制表现具有切实的作用。

由于效果图所表现的材质是具有一定范围性的，主要为木材、石材、陶瓷、玻璃、金属、纺织品等，而表现效果图的技法又具有程式化特点，根据观察分析与长期研究总结，我们发现效果图的质感表现是具有它自身规律性的，这些具有规律性的方法为我们有效地进行效果图的质感表现提供了方便。

建筑及室内装饰材料的相关知识

- 地面的表现
- 玻璃的表现
- 石材的表现
- 木材的表现

一、地面的表现

　　地面因材质不同、光源照射的角度不同会给人以不同的感觉，一般有亮光与哑光之分，通常以平涂、渲染等方法来表现不同质感的地面。在亮光的地面可强调光影的表现，集中刻画光影对地面的影响；亚光的地面，可强调瓷砖之间色彩变化与明度变化，及表面的纹理变化。在绘制时都应采用薄画法，表现地面反光较强的特点，特别要注意不同光照形式在地面上的反光变化。

二、玻璃的表现

　　玻璃的主要特点是透明，边角很硬，在表现时可以和旁边的东西一起画，然后画亮边线。若反光很强的玻璃，则强调周围的物体对它的反射，画出很强的反光即可。如玻璃上有图案，则先画出玻璃上的图案，再画玻璃的分缝线和边框。同时要注意物体在玻璃反射下的形体变形问题。

三、石材的表现

石材的常用饰面材料有天然大理石、花岗岩、板岩等。经过加工之后的石材表面上有深浅不同的纹理，表现时可先铺底色再画光洁的石材反光、倒影，然后画出石材的拼缝线、石材的纹理即可。在组织纹理时，应注意纹理的变化方向和透视效果，切不可随意乱画，否则影响画面的整体气氛。

四、木材的表现

木质材料一般有明显的纹理变化，所以只要抓住纹理的变化就可以画出木质材料的特点。一般也是先铺底色，从浅到深，从亮部到暗部，注意体面变化，然后画上木材的纹理，再画出形体边线，点出高光即可。对于木器家具的表现，则一定要抓住木器家具漆面细腻、柔美的特点。

五、不锈钢材质的表现

　　不锈钢表面的特点是反射能力强，有很刺眼的高光，并有很强的反射光。因此最亮与最暗的颜色并置，所以反光多，形体感觉不强。如物体是圆面的，就需要确定光源，区分亮暗部的色彩，然后按形体变化组织笔触，将形体表现出来。圆柱形金属物体的特点是高光过去马上就是暗面，抓住这个特点，一笔亮、一笔暗地画下去就可画出质感效果，同时要把笔触与反光的特点结合起来，笔触随形体的变化而变化。在画的过程中，应注意形体整体的明暗变化，不要画平、画花了。

六、织物的表现

　　织物的特点就是高光少、反光弱，形态自然，所以表现织物应注意形体的变化。大的形体变化分开后，要注意织物上的肌理变化和图案变化，利用图案变化区分出形体变化。对于窗纱等轻柔物品，可以用湿画法画大的色彩关系，再用干画法提出亮部与结构，这样可以比较容易地画出轻柔的织物感觉。对于织物特点应多观察，特别是织物受光源的影响而产生的变化只有通过反复实践才能掌握各类织物特点，画好织物。

EXPRESSING SKILLS FOR INSTANT SKETCH

第六章 快速草图的表现技法

一、草图的概念与作用

　　绘制草图的根本目的是为高效而快捷地完成设计方案服务。设计草图作为一种具有设计创意的绘画表现形式，它直观地表达设计方案的作用，同时它还是整个设计环节中一个重要的组成部分，具有重要的地位，也是各方相互之间沟通设计的一个重要途径。随着社会进步，现代设计业也得到了快速的发展。在现代社会节奏不断加快的形势下，只有提高设计效率才能取得成功，相反就会失去竞争力。在建筑设计、环境艺术设计、展示设计专业的范畴中，不论立意构思，还是方案设计，以及绘制效果图，都要求在最短时间内完成。常规的建筑画，尤其渲染上，虽然可以把内容表达得十分充分，但在效率上明显缺乏优势，而草图作画快捷，易出效果，不仅满足了上述要求，同时，快速的设计表达能力在设计方案的初期发挥着明显的优势，在业务洽谈中所发挥的记录、沟通等方面的作用，在业务的竞争中具有特别的价值。因此，快速草图作为效果图绘画中的一种方式，它是设计时代的产物，也是效果图发展的产物，它正在发挥着越来越重要的作用，深受建筑设计、环境艺术设计、广告展示设计专业工作者的普遍欢迎，在当今是一种必备的基本能力。

　　设计草图根据作用不同可分为两类：一类是记录性草图，主要是设计人员收集资料时绘制的；一类是设计性草图，主要是设计人员在设计时推敲方案、解决问题、展示设计效果时绘制的。

设计草图有四大作用：

1. 资料收集： 设计是人类的创造性行为，任何一种设计从功能到形态都可以反映出不同经济、文化、技术和价值观念对它的影响，形成各自的特色和品牌，市场的扩大加剧了竞争，这就要求设计者要凭借聪慧的头脑和娴熟的技能，广泛地收集和记录与设计有关的信息和资料，运用设计速写既可以对所感知的实体进行空间的、尺度的、功能的、形体和色彩的要素记录，同时也可以运用设计速写来分析和研究他人的设计长处。发现现实设计的新趋势，为日后的设计工作积累丰富的资料。

2. 形态调整：设计者在确立设计题目的同时，就应对设计对象的功能、形态提出最初步的构想，如家具的功能不变，可否改换其材质，以适应家具的造型要求，这就需要有多种设计方案保证家具功能的实现，还要考虑到形态的调整是否会对家具的构造产生影响，这一阶段的逻辑思维与形象思维的不断组合，运用设计速写便可以将各种设计构想形象快捷地表达出来，使设计方案得以比较、分析与调整。

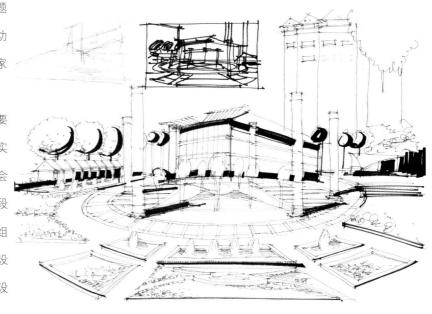

3. 连续记忆：通常设计师对一件设计商品的构思、设计要经过许多因素的连续思考才能完成，有时也会出现偶发性的感觉意识，如功能的转换，形态的启发，意外的联想和偶然的发现，甚至梦中的幻觉都有意识或无意识地促使设计者从中获得灵感，发现新的设计思路和形式，此时只有通过设计速写才能留住这种瞬间的感觉，为设计注入超乎寻常的魅力。

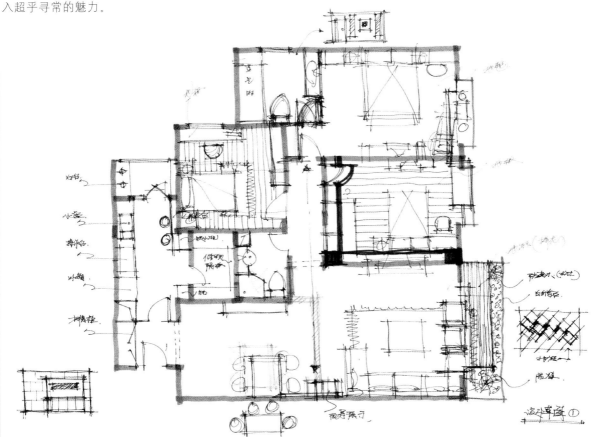

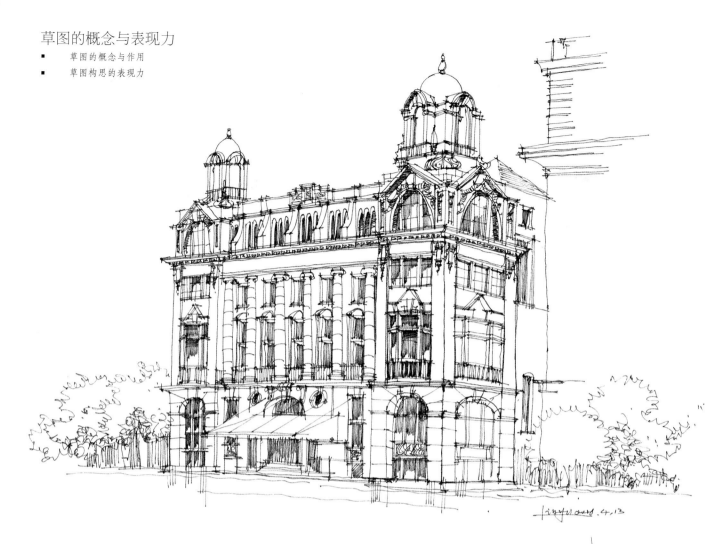

4．形象表达：设计师对物体造型的设计既有个人意志的一面，又有社会综合影响的一面，需

要得到工程技术人员的配合，同时也需要了解决策者的意见和评价。为了提高设计的直观性

和可视性，增加对设计的认识，及时地传递信息、反馈信息，设计速写是最简便、最直接的

形象表达手段，是任何数据符号和广告语言所不能替代的形象资料。

二、草图构思的表现力

　　绘制快速草图还必须具备以下三个方面的特征，即表现快捷省时、效果概括明确、操作简单方便。达到这三点要

求，才具备了快速表现图的特点。

1．表现快捷省时

　　所谓快速是一个相对的概念，快速表现图作画时间相对较短，表现快捷省时，并不是说快速手绘效果图绘画可以

不分画的内容与要求，一律只用很少的时间在规定的范围内完成作画。例如完成一幅建筑效果图可以用速写的方式在

几分钟内完稿，但完成另一幅
设计方案草图或方案效果图，
则要用数十分钟或者更长一些
时间，但是这两种效果图均仍
可以统称为"快速效果图"，
因为相对其用数小时或数十小
时才能完成传统色彩渲染效果
图而言，它们的表现已经是非
常快捷省时的了。同时，草图
多采用线条为主的表现形式，
用简练的线条来造型起到概括
画面的作用。

2．效果概括明确

以高度概括的手法删繁就简，采取少而精的方法，对可要可不要的部分及内容可以大胆省略，放松次要部分及非重点内容，加强主要内容的处理，形成概括而明确的效果，这是快速草图的又一特征。因为高度概括不仅可以起到快的作用，还可以起到强化作品主要信息内容的作用，但要注意的是，快不等于潦草，快同样需要严谨、准确、真实，不可夸张、变形，更不可主观地随意臆造，所以要紧紧抓住所描述对象最重要的特征，重点刻画其体积、轮廓、层次及最重要的光影和质感等，从而达到概括的理想状态。另外，快捷概括地表现对象，势必会对深入刻画产生影响，如果不采取必要的加强措施，会造成画面虚弱无物的印象。因此要加强所要表达的主要重点，抓住精髓之处刻画，明确关系，如强调明暗的对比与黑白灰的关系层次；加大力度着重刻画光影的虚实、远近关系；准确表现材料质感的反差等。总之，草图表现是设计师手、眼、脑的快速结合。通过一系列的对比手法，把设计内容真实准确地表现出来，给人以清晰鲜明的视觉效果。

不同草图表现工具的表现特点
■　　铅（炭）笔的表现特点

3. 操作简单方便

　　效果图要比较快速地完成，操作简单方便非常重要，操作简单方便就容易快速完成，烦琐必然耗时。操作简单方便要求绘画的程序要简单，绘画的工具要方便，绘画者要能胸有成竹，非常果断地在画面上直接表现，所用的工具包括笔、纸、颜料均应能做到使用便利，最好以硬笔（如钢笔、铅笔、勾线笔等）作业为主，尽量减少湿作业（至多使用一些水彩淡彩），同时要注重画图的步骤，讲究作图的层次性，避免反复修改，适用的工具品种也应尽量少，这样操作就非常简单方便了。

第二节　不同草图表现工具的表现特点

　　草图表现技法主要是根据绘画工具来分类的，在这些工具的使用中，设计师们根据各自不同的需要，充分发挥着各种工具的特点，以达到一种快速而理想的视觉效果，为设计方案的创意阶段提供技术上的有力支持，同时为设计方案的交流提供了很大方便。然而在诸多表现中，最基本、常用并容易掌握和便于操作的有钢笔速写、铅（炭）笔草图、铅（炭）笔草图淡彩等形式，我们在这里作为学习的重点进行介绍。

一、铅（炭）笔的表现特点

铅（炭）笔作为绘制草图的常用工具，它为设计师设计过程中的工作草图、构想手稿、方案速写提供了很大方便。因为这类工具表现快捷，所以比较适宜做效果草图。铅（炭）笔草图画面看起来轻松随意，有时甚至并不规范，但它们却是设计师灵感火花记录、思维瞬间反应与知识信息积累的重要手段，它对于帮助设计师建立构思、促进思考、推敲形象、比较方案起到强化形象思维、完善逻辑思维的作用，因此，一些著名设计大师的设计草图手稿，都能准确地表达其设计构思和创作概念，是设计大师设计历程的记录。铅（炭）笔草图尽管表现技法简洁，但作为设计思维的手段，其具有极大的生命力和表现力。

1．绘制工具准备

（1）笔：铅（炭）笔草图作图比较随意，画面轻松，因此铅笔选用建议以软性为宜。软性铅笔（常用的型号有2H、H、HB、B、2B等）一来表现轻松自由，线条流畅；其二视觉明晰，表现创意准确到位；其三使用方便，便于涂擦修改；炭笔选用则无特别要求，但在使用时要注意下笔准确。

（2）纸：铅（炭）笔草图作图由于比较随意，所以用纸比较宽泛，但是要尽量避免使用对铅（炭）不易粘吸的光面纸，常用的是80克左右的复印纸。

2．表现技法特点

铅（炭）草图在表现上要注意以下几个方面：

（1）由于铅（炭）笔作图具有便于涂擦修改特点，所以在起稿时可以先从整体布局开始。在表现与刻画时，也尽可以大胆表述。要尽量作到下笔肯定，线条流畅，同时注重利用笔的虚实关系来表现室内整体的空间感。

（2）要充分利用与发挥铅笔或炭笔的运作性能。铅笔由于运笔用力轻重不等，可以绘出深浅不同的线条，所以在表现对象时，要运用线的技法特点。比如，外轮廓线迎光面上线条可细而断续（表现眩光等，背光面上要肯定、粗重，远处轮廓宜轻淡，近处轮廓宜明确，地平线可加粗加重，重点部位还要更细致刻画，概括部分线条放松，甚至少画与不画，在处理阴影部分可以适当加些调子进行处理等。特别是在绘制设计方案草图时，我们多采用单线的表现形式，用简洁的线条勾画物体的形态和空间的整体变化。

（3）铅笔或炭笔不仅在表现线方面具有丰富的表现力，同时还有对面的塑造能力具有极强的塑造表现力，是素描最常用的表现工具。铅笔或炭笔在表现时可轻可重，可刚可柔，可线可面，可以非常方便地表现出体面的起伏、距离的远近、色彩的明暗等。所以，在表现对象时，可以线面结合，尤其在处理建筑写生的画面时，这样做对画面主体与辅助内容的表达都具有极强的表现力。

（4）在对重点部位描述的程度上要比其他部位更深入，在表现上甚至可以稍加夸张，如玻璃门可用铅笔或炭笔的退晕技法表现并画得更透明些，某些部位的光影对比效果更强些；在处理玻璃与金属对象时，还可以用橡皮擦出高光线，以使画面表现得更精致、更有神，由此使得画面重点突出。

 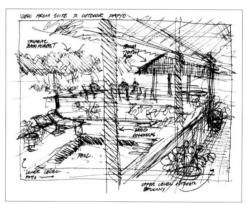

二、钢笔、勾线笔的表现特点

钢笔速写是快速效果图中最基础、运用最广泛的表现类型，是一种与铅（炭）笔速写具有很多共同点并更概括的快速效果图表现方法，所以这种技法是设计专业人员重要的技能与基本功，它对培养设计师与画家形象思维与记忆，锻炼手眼同步反应，快速构建形象，表达创作构思和设计意图以及提高艺术修养、审美能力等，均有很好的作用。

1．绘制工具准备

（1）速写钢笔：应选用笔尖光滑并有一定弹性的钢笔，最好正反面均能画出流畅的线条，且有线条粗细之分，钢笔可随着画者着力的轻重能有不同粗细线条的产生，非常有利于表现物体不同的特征。使用钢笔应选用黑色炭素墨水，黑色墨水的视觉效果反差鲜明强烈。这里需要注意的是墨水易沉淀堵塞笔尖，因此，画笔最好要经常清洗，使其经常保持出水通畅，处于良好的工作状态。另外，现在除了传统意义的钢笔以外，具有同样概念或效果的笔也非常多，比较适用的有中性笔、签字笔和许多一次性的勾线笔等，这些笔用时不仅不需要另配墨水或出现堵塞笔现象，而且使用起来非常的轻松方便与流畅，已越来越受到大家的欢迎。

（2）纸：应选用质地密实、吸水性好并有一定摩擦力的复印纸，白板纸或绘图纸也可以选用一些进口的特种纸等，纸面不宜太光滑，以免难以控制运笔走线及掌握线条的轻重粗细。图幅大小随绘画者习惯，最好要便于随身携带，随时作画。

2. 表现技法特点

（1）钢笔速写主要是以线条的不同绘画方式来表现对象的造型、层次以及环境气氛的，并组成画面的全部。因此，研究线条及线条的组合与画面的关系是钢笔速写技法的重要内容。由于钢笔速写具有难以修改的特点，因此下笔前要对画面整体的布局与透视结构关系在心中有个大概的腹稿，较好地安排与把握整体画面，这样才能保证画面的进行能够按照预期的方向发展，最终实现较好的画面效果。

（2）如何开始进行钢笔速写的描绘，这是许多学生首先碰到的问题。一个有经验的设计师画钢笔速写时下笔可以从任何一个局部开始。但对于初学者最好从视觉中心、形体最完整的对象入手。因为，把最完整对象画好后，其他一切内容的比例、透视关系都可以此来作为参照，由此这样描绘下去画面就不容易出现偏差。反之，许多学生由于没有固定的参照对象，画到后来就会出现形体越画越变形，透视关系混乱的现象。另外，在绘制表现图时，表现主体和环境配景之间的疏密关系十分重要，所以要对空间有一个整体把握。这对掌握钢笔速写的作画方法很重要。

（3）钢笔速写表现的对象往往是复杂的，甚至是杂乱无章的，因此要理性地分析对象，理出头绪，分清画面中的主要和次要，大胆概括。具体处理时应主体实，衬景虚，主体内容要仔细深入刻画，次要内容要概括交代清楚甚至点到即可，切忌不可喧宾夺主地过分渲染。另外对于画面的重要部位要重点刻画，如画面的视觉中心、主要的透视关系与结构，都可以用一些复线或粗线来强调。

（4）要注意线条与表现内容的关系。钢笔速写的绘画主要是通过线条来表现的，钢笔线条与铅笔、炭笔线条的表现力虽有所异，但基本运笔原理还是大体相似的，绘画者除了要能分出轻重、粗细、刚柔外，还应灵活多变随形施巧，设计师笔下的线条要能表达所描绘对象的性格与风貌，如表现坚实的建筑结构，线条应挺拔刚劲；表现景观环境，线条就应松弛流畅等。

（5）要研究线条与刻画对象之间的关系。设计师表现观察事物的过程中要注意分析线在画面中的走势，线条运动时的速度快慢，会产生不同韵律和节奏。所以，就点、线、面三要素而言，线比点更具有表现力，线又比面更便于表现，因此绘画者要研究如何运笔，只有熟练地掌握了画线条的基本技法，画速写时才能做到随心所欲，运用自如。

三、毛笔的表现特点

毛笔是中国最传统的绘画工具，其表现力十分丰富。有许多画家和设计师在进行风景写生时常会用到毛笔来表现形体。毛笔绘图无法修改，需心中有数，下笔一气呵成，它的笔法控制起来较难，需要进行长时间的努力才能掌握。

1．绘制工具准备

（1）毛笔：国产毛笔样式很多，要选择笔锋弹性较好的，这样表现起来线条流畅生动。还有一种进口的一次性灌水毛笔也十分适合表现，大家可以买来尝试。

（2）纸：要选择能吸水的宣纸或绘图纸，质地要密实，以便能控制线条的走势与方向。

2．表现技法特点

（1）毛笔速写主要是靠线条来表现场景，在处理画面时要抓住空间的主次关系，善于表现画面的大效果，不要陷入画面的细节和局部不能自拔。

（2）在作画时要先分析对象的空间关系，分清画面的主次，把握好画面主体的结构和比例关系，同时用准确而轻松的线条处理周围的配景。

第三节　不同物体的表现方法

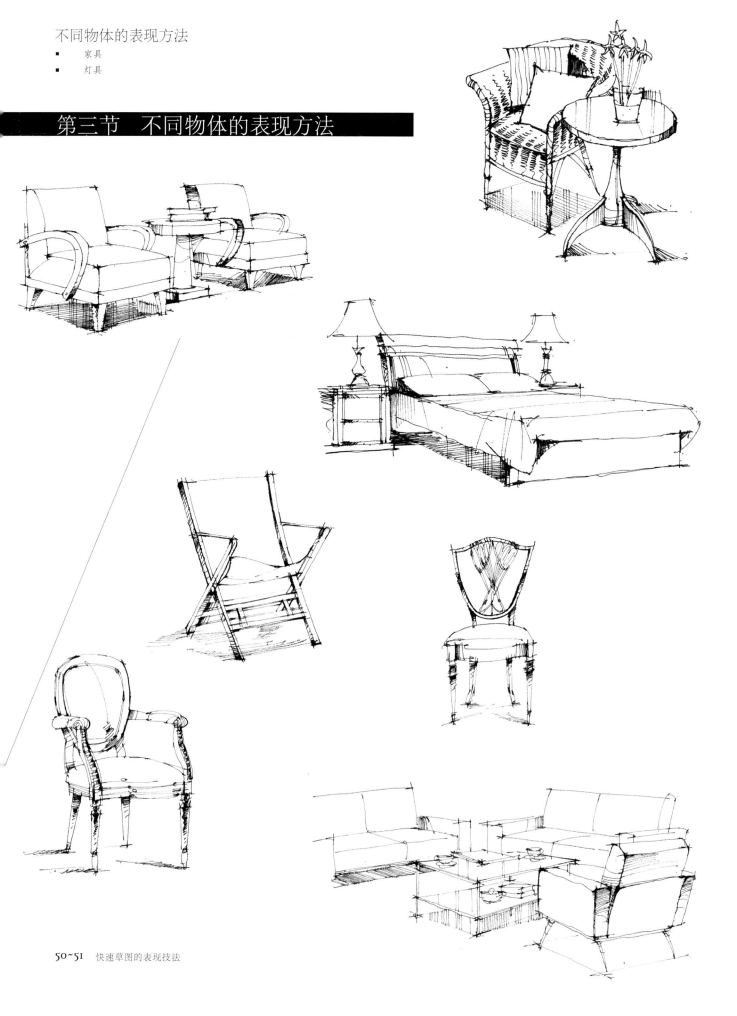

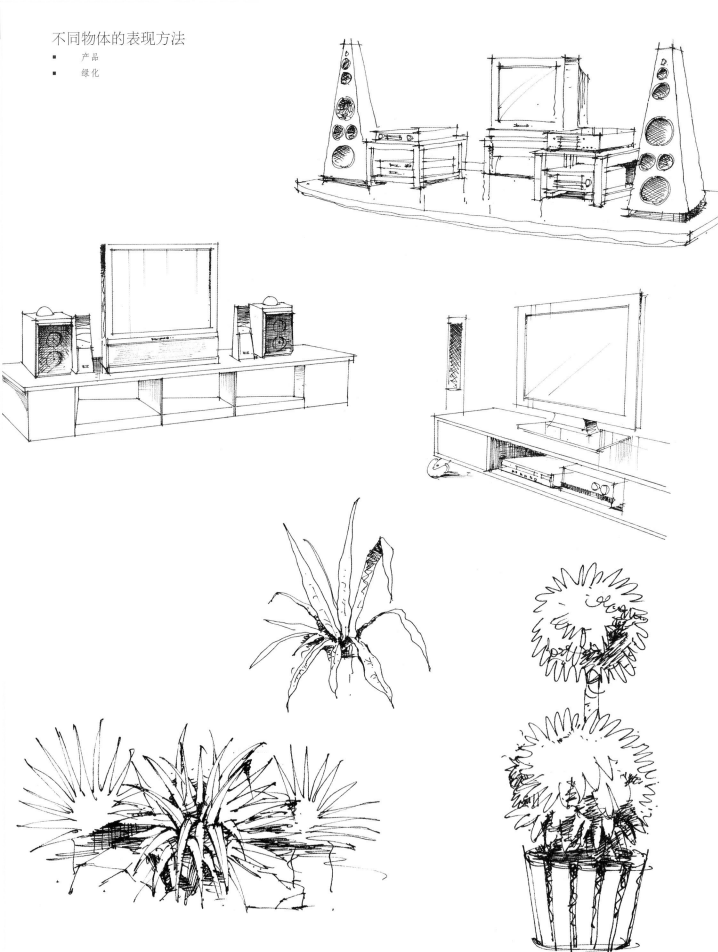

第四节　优秀作品点评

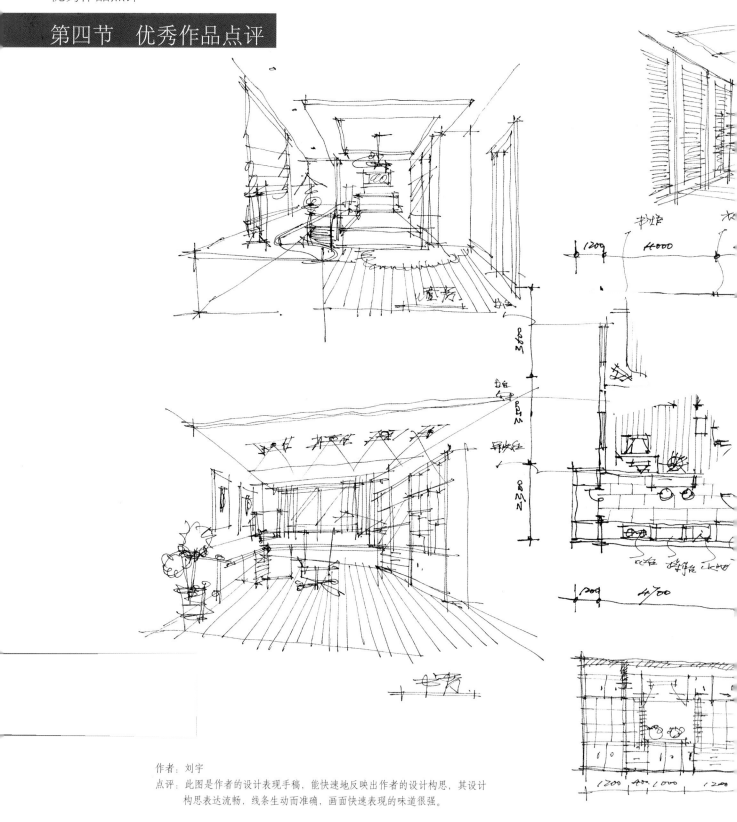

作者：刘宇

点评：此图是作者的设计表现手稿，能快速地反映出作者的设计构思，其设计
　　　构思表达流畅，线条生动而准确，画面快速表现的味道很强。

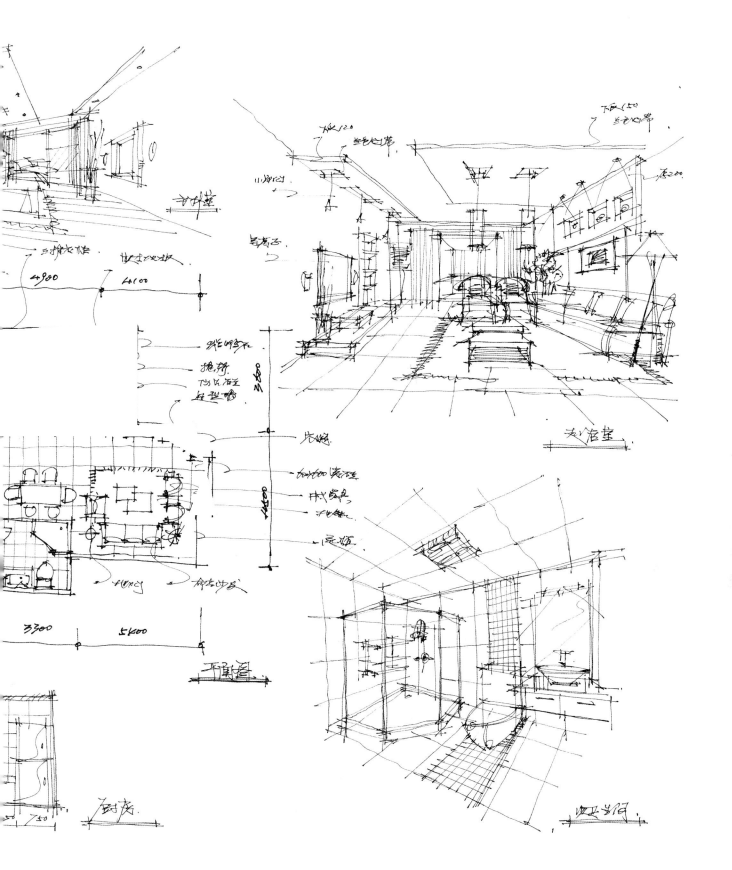

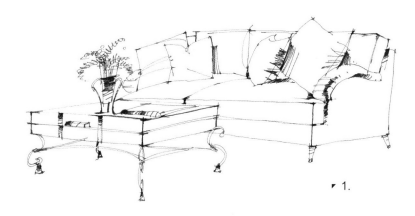

▸ 1.

▸ 2.

▸ 3.

▸ 4.

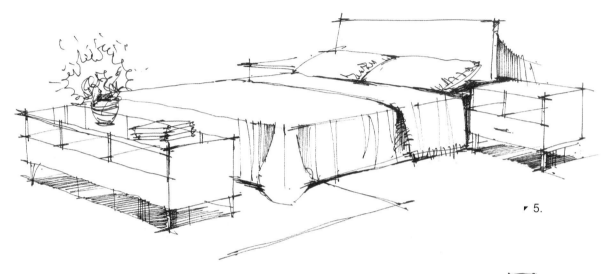

▸ 5.

▸ 6.

1. 作者：刘永哲
   点评：用笔线条灵活，投影刻画生动，线条的虚实变化节奏感很强，细节表现详实。

2. 作者：刘永哲
   点评：布艺沙发的特点表现的到位，沙发及周围物体整体透视关系良好，画面重点突出，层次分明。

3. 作者：李磊
   点评：此幅图的重点在于画面整体透视关系的把握，绘制时应注意转折处应采用概括的线条处理。

4. 作者：李磊
   点评：沙发的透视关系准确，作为画面的中心主题突出，光影表现层次丰富。

5. 作者：刘永哲
   点评：在进行床体的表现时应把直线和曲线结合起来，注重表现床上饰品的质感。

6. 作者：李磊
   点评：用概括的手法表现家具形体，线条简练而准确，物体质感表现充分。

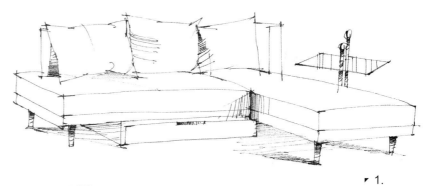

▸ 1.

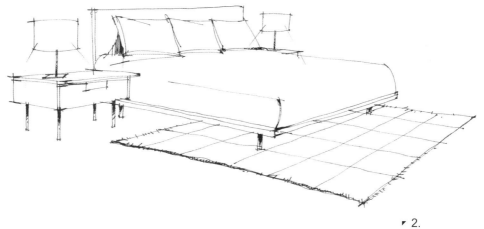

▸ 2.

1. 作者：刘永哲

   点评：线条刻画肯定到位，家具整体的形归纳准确，投影虚实
   关系处理较好。

2. 作者：刘永哲

   点评：用概括的手法归纳形体，简化形体的细节处理，整体透
   视关系比例协调。

3. 作者：金毅

   点评：此图用0.2和0.3的勾线笔来表现欧式家具的造型特点，
   家具的比例结构得当，细节的装饰刻画到位，光影的刻
   画层次丰富。

4. 作者：刘永哲

   点评：透视方法运用得当，线条表现干净利落，靠光影表现出
   空间的层次，装饰品的细节刻画到位。

5. 作者：张权

   点评：注重光影的表现，顶部处理概括而简约，画面视觉中心
   处理的层次丰富，不同物体的质感表现准确。

▸ 3.

4.

5.

▶1.

▶2.

1. 作者：金毅
   点评：用速写的形式表现建筑空间结构，线条运用得十分灵活而生动，短而复杂的虚线与长线条结合得十分恰当。

2. 作者：张权
   点评：此幅图用单线的方式表现欧式室内空间，其表现手法生动而准确，线条刻画到位，光影表现丰富，画面进深感很强。

3. 作者：吴雪玲
   点评：选用一点透视的原理来表现整个建筑的立面，建筑的比例表现准确，细节的刻画与建筑的整体造型处理恰当，巧妙地运用光影加强建筑的提亮感。

4. 作者：柴恩重
   点评：画面视角选择独特，用单线表现整体空间的能力较强。画面的疏密得当，光影刻画得准确而生动。

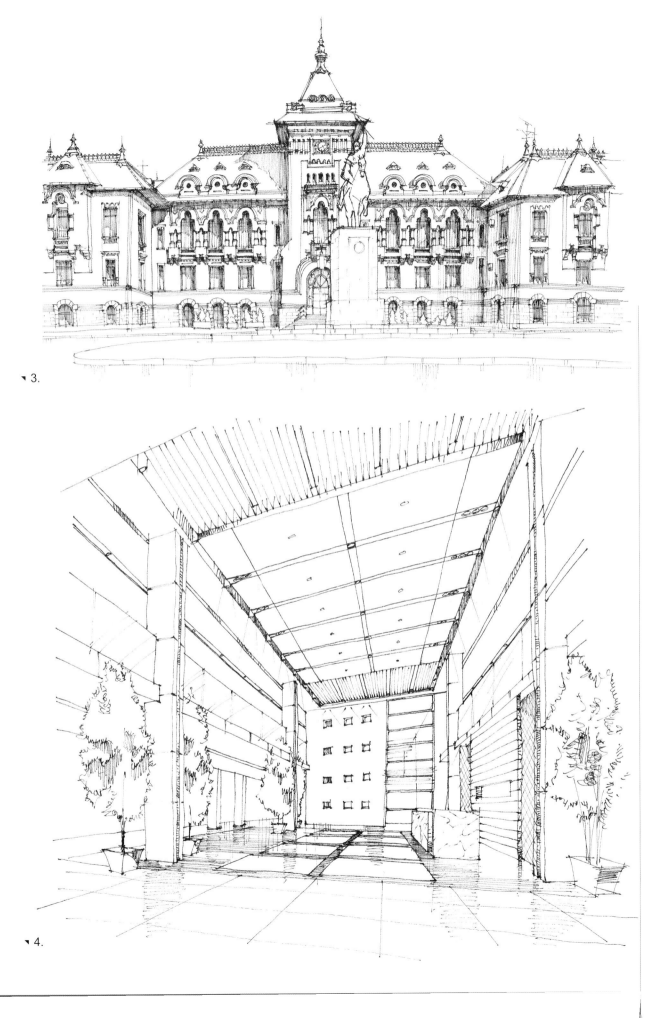

3.

4.

1.

2.

▼ 3.

1. 作者：金毅
   点评：整体商业建筑空间的表现十分生动，画面采用概括的手法使整个建筑群浑然一体，线条充满弹性，配景处理生动。

2. 作者：金毅
   点评：建筑群的表现立体感很强，利用投影的层次变化丰富建筑的空间层次感，投影的形体处理得简洁而准确。

3. 作者：张韬
   点评：用0.2的勾线笔表现整个景观环境的空间，运用细腻的调子丰富空间的进深，对不同植物的外形刻画准确。

作者：张权

点评：此幅画运用国画白描的技法来表现景观的环境，画面的虚实关系处理得当，根据植物的不同特点采用相应的方法进行表现。

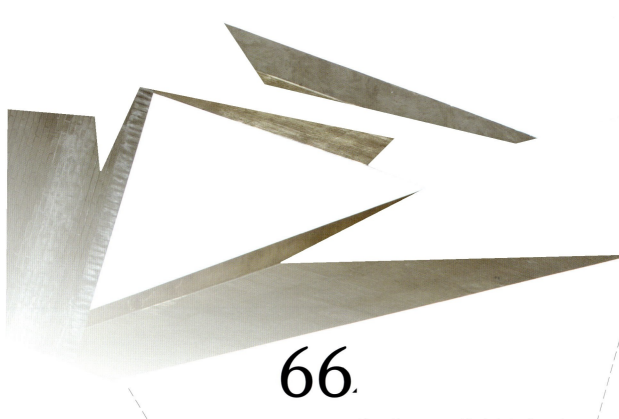

第七章　马克笔和彩色铅笔的效果图表现技法

第七章　马克笔和彩色铅笔的效果图表现技法

第一节　工具的种类与表现力

一、马克笔的种类及表现特点

　　马克笔是近些年较为流行的一种画手绘表现图的新工具，马克笔既可以绘制快速的草图来帮助设计师分析方案，也可以深入细致地刻画形成一张表现力极为丰富的效果图。同时也可以结合其他工具如水彩、透明水色、彩色铅笔、喷笔等工具或与计算机后期处理相结合形成更好的效果。马克笔由于携带与使用简单与方便而且表现力丰富，因此非常适宜进行设计方案的及时快速交流，深受设计师的欢迎，是现代设计师运用广泛的效果图表现工具。

1．马克笔的种类

　　马克笔是英文"MARKER"的音译，意为记号笔。笔头较粗，附着力强，不易涂改，它先是被广告设计者和平面设计者所使用，后来随着其颜色和品种的增加，也被广大室内设计者所选用。目前市场较为畅销的品牌如日本的YOKEN、德国的STABILO、美国的PRISMA及韩国的TOUCH等。

　　马克笔按照其颜料不同可分为油性、水性和酒精性三种。油性笔以美国的PRISMA为代表，其特点是色彩鲜艳，纯度较低，色彩容易扩散，灰色系十分丰富，表现力极强。酒精笔以韩国的TOUCH为代表，其特点粗细两头笔触分明，色彩透明、纯度较高，笔触肯定，干后色彩稳定，不易变色。水性笔以德国的STABILO为代表，它是单头扁杆笔，色彩柔和，层次丰富，但反复覆盖色彩容易变得浑浊，同时对绘图纸表面有一定的伤害。而进口马克笔颜色种类十分丰富，可以画出需要的、各种复杂的、对比强烈的色彩变化，也可以表现出丰富的层次递进的灰色系。

2．马克笔的表现特点

（1）马克笔基本上属于干画法处理，颜色附着力强又不易修改，故掌握起来有一定的难度，但是它笔触肯定，视觉效果突出，表现速度快，被职业设计师所广泛应用，所以说它是一种较好的快速表现的工具。

（2）马克笔一般配合钢笔线稿图使用，在钢笔透视结构图上进行马克笔着色，需要注意的是马克笔笔触较小，用笔要按各体面、光影需要均匀地排列笔触，否则，笔触容易散乱，结构表现的不准确。根据物体的质感和光影变化上色，最好少用纯度较高的颜色，而用各种复色表现室内的高级灰色调。

（3）很多学生在使用马克笔时笔触僵硬，其主要问题是没有把笔触和形体结构、材质纹理结合起来。我们要表现的室内物体形式多样，质地丰富，在处理时要运用笔触多角度的变化和用笔的轻重缓急来丰富画面关系。同时还要掌握好笔触在瞬间的干湿变化，加强颜色的相互融合。

（4）画面高光的提亮是马克笔表现的难点之一，由于马克笔的色彩多为酒精或油质构成，所以普通的白色颜料很难附着，我们可以选用白色油漆笔和白色修正液加以提亮突出画面效果，丰富亮面的层次变化。

（5）马克笔适于表现的纸张十分广泛，如色版纸、普通复印纸、胶版纸、素描纸、水粉纸都可以使用。选用带底色的色纸是比较理想的，首先纸的吸水性、吸油性较好，着色后色彩鲜艳、饱和，其次有底色，容易统一画面的色调，层次丰富。也可以选用普通的80克至100克的复印纸。

二、彩色铅笔的种类及表现特点

　　彩色铅笔是绘制效果图常用的作画工具之一，它具有使用简单方便、颜色丰富、色彩稳定、表现细腻、容易控制的优点，常常用来画建筑草图，平面、立面的彩色示意图和一些初步的设计方案图。但是，一般不会用彩色铅笔来绘制展示性较强的建筑画和画幅比较大的建筑画。彩色铅笔的不足之处是色彩不够紧密，画面效果不是很浓重，并且不易大面积涂色。当然，如果能够运用得当的话，彩色铅笔绘制的效果图是别有韵味的。

1．彩色铅笔的种类

　　彩色铅笔的品种很多，一般有6色、12色、24色、36色，甚至有72色一盒装的彩色铅笔，我们在使用的过程中必然会遇到如何选择的问题。一般来说以含蜡较少、质地较细腻、笔触表现松软的彩色铅笔为好，含蜡多的彩色铅笔不易画出鲜丽的色彩，容易"打滑"，而且不能画出丰富的层次。另外，水溶性的彩色铅笔亦是一种很容易控制的色彩表现工具，可以结合水的渲染，画出一些特殊的效果。彩色铅笔不宜用光滑的纸张作画，一般用特种纸、水彩纸等不十分光滑有一些表面纹理的纸张作画比较好。不同的纸张亦可创造出不同的艺术效果。绘图时可以多做一些小实验，在实际操作过程中积累经验，这样就可以做到随心所欲，得心应手了。尽管色彩铅笔可供选择的余地很大，但在作画过程中，总是免不了要进行混色，以调和出所需的色彩。色彩铅笔的混色主要是靠不同色彩的铅笔叠加而成的，反复叠加可以画出丰富微妙的色彩变化。

2. 彩色铅笔的表现特点

彩色铅笔在作画时，使用方法同普通素描铅笔一样易于掌握。色彩铅笔的笔法从容、独特，可利用颜色叠加，产生丰富的色彩变化，具有较强的艺术表现力和感染力。

彩色铅笔有两种表现形式：

一种是在针管笔墨线稿的基础上，直接用色彩铅笔上色，着色的规律由浅渐深，用笔要有轻、重、缓、急的变化；另一种是与以水为溶剂的颜料相结合，利用它的覆盖特性，在已渲染的底稿上对所要表现的内容进行更加深入细致的刻画。由于色彩铅笔运用简便，表现快捷，也可作为色彩草图的首选工具。色彩铅笔是和马克笔相配合使用的工具之一，彩色铅笔主要用来刻画一些质地粗糙的物体（如岩石、木板、地毯等），它可以弥补马克笔笔触单一的缺陷，也可以很好地衔接马克笔笔触之间的空白，起到丰富画面的作用。

一、不同单体构件的笔触表现

　　单体构件是组成室内整体空间的基本元素，在进行整体空间绘制之前应对单体构件进行分别的练习，把各种要素分解开来逐一分步训练，并逐渐加强难度。同时在绘制时要注意马克笔的笔触与表现对象整体的结合，用笔的虚实变化与对象材质的一致性等特点。

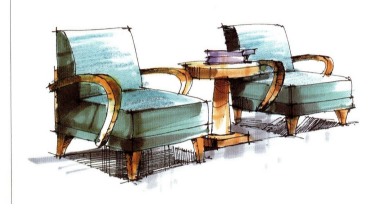

1. 室内单体家具

　　家具是构成室内空间的主要元素之一，我们在对其进行马克笔表现时要特别注意其不同材质的表现特点。木制家具的材质纹理自然而清晰，其反光度较低，固有色明显。在绘制时应多选用暖色系马克笔从物体的亮面开始处理，其颜色受光线影响应略重于固有色，同时要充分考虑到暗部的渐变关系和反光的微弱变化。在处理物体主要固有色区域时应采用水溶彩色铅笔与马克笔相结合的方式。彩色铅笔处理亮部到中间色的过渡，马克笔进行色彩上的衔接。在处理亮部受光区域时应把握好光照的方向。在亮面应适当留白并用浅色笔画出亮部的光影变化。在最后的调整阶段应加强物体结构的变化关系，用短而肯定的笔触进行强化，同时要表现出物体投影的虚实变化。皮质家具的皮革表面特点明显，表面柔软，反光度较差。在进行表现时，为了强化其材质特点可以用彩色铅笔绘制亮面，表现其柔软而富有变化的表面效果。亮部尽量不要留白，同时要加进光源色的变化。在运用马克笔笔触时应采用弧形的笔触，顺其内在结构进行表现。在阴影部位要处理柔和，力图表现出渐变的投影层次。

灯具作为室内的主要发光器其种类很多，在表现时也各具特点。台灯和吊灯作为主要的灯具，在表现时应把灯光颜色与灯的造型变化结合起来考虑，而不是一味地把灯画亮。灯的结构造型与材质变化丰富，在表现时笔触应与材质特点相统一，要有光照的层次变化，虚实冷暖之间应相互结合，才能营造很好的光照环境。欧式造型的灯结构变化丰富，应采用小而碎的笔触处理，力图表现出欧式造型多样的特点。而现代工业感强的灯饰简洁而大方，金属感极强，应多用灰颜色加强光感变化。

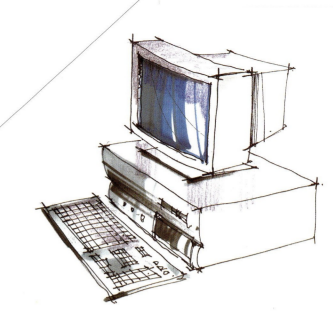

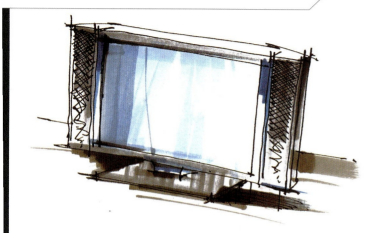

3．室内家用电器

电视、音响、电脑等家用电器是住宅室内空间的主要构成元素之一。其特点是工业感、现代感较强，具有较强的反光度。在表现时应多选用灰色系的马克笔，同时用笔应干净利落，注意较强的光影反射，亮部可用彩铅绘制，丰富亮面的色彩变化；暗面的马克笔笔触应与结构变化相吻合，同时用灰色的渐变表现出暗面的层次变化。

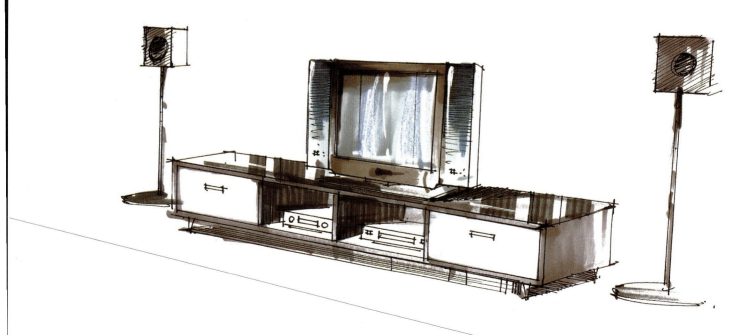

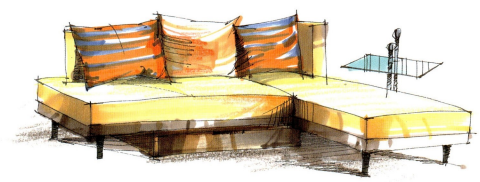

4. 室内布艺饰品

室内的布艺主要是指窗帘、地毯和床上用品等纺织品。其特点是表面柔软，有一定的光泽度。在表现的时候应多用彩色铅笔处理表面的质感变化，同时结合灰色系的马克笔丰富其暗面的层次。在处理物体的边缘时应做到笔触灵活多变，虚画物体的边缘形。暗面的处理应把笔触和物体布褶的变化相结合，笔触顺着形体的转折而变化，做到笔触虚实相应。

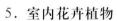

5. 室内花卉植物

　　花卉和植物是室内常见的装饰品，但由于其种类繁多，形体变化复杂，所以较难表现。在绘制时应先用物体的固有色绘制整体效果，再用较深的暖灰绿色处理暗部和转折处的变化，亮部的颜色则可以用纯度较高的绿和黄色相互叠加来完成，应考虑光源照射的一致性，亮度的不同层次和亮部的色彩变化要相同。植物的枝干应采用概括的表现手法，强化枝干与花叶的相连接处，而放松其他部位，同时要尽量表现出枝干的反光部分。由于植物和花卉的形态变化丰富，笔触的用法应和其形态保持一致，可以多用些点状和块状的笔触来丰富物体的边缘轮廓。

二、室内单体的步骤图绘制与分析

1. 床的步骤图表现

步骤一: 用单线勾勒床体的形态变化,要保持物体透视变化的一致性,用线应简洁大方、肯定到位。表现结构的直线条和表现光影的虚线条应相互结合,光影的处理要变化而富有层次。绘制时要加强床的细节处理,同时简化和概括窗头柜和衣挂的处理方式,避免画面出现多个中心、面面俱到的问题。

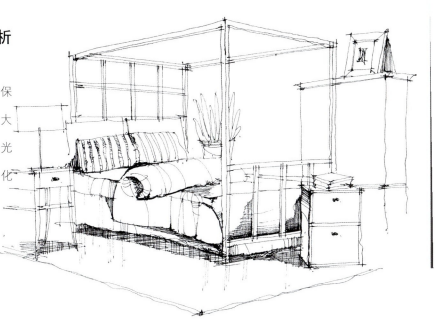

步骤二: 用马克笔进行着色时,先选用韩国马克笔的木色系列来绘制床的整体框架和其他木制家具表面材质。暗部要画的整体,要富有颜色变化,中间色应尽量保持其纯度,并用彩色铅笔丰富其肌理变化。亮面则可少量留白。

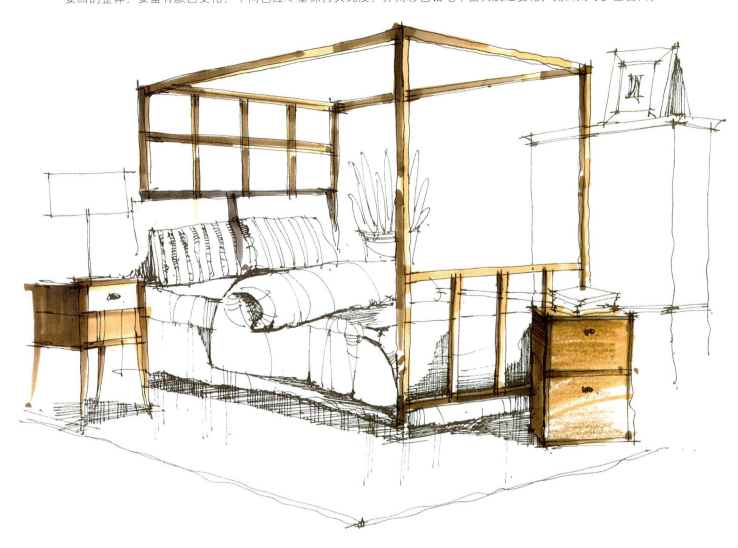

步骤三: 选用韩国系列马克笔的冷灰色和暖灰色绘制床上用品的质感,笔触要和布褶的变化保持一致性,同时运用颜色鲜艳的彩铅绘制靠枕和床上饰品。床的整体颜色变化要与光的整体变化相一致,暗部的投影应采用虚笔触进行表现。最后用灰绿色概括远处的植物。

步骤四: 用彩色铅笔概括地处理处于逆光处的衣柜,再用棕色系的马克笔勾画柜体的细节变化。台灯的表现则用浅黄色的彩铅加以丰富,同时考虑到台灯光源对周围物体的影响。地毯选用暖灰色马克笔进行概括处理,以衬托画面主体床的效果。

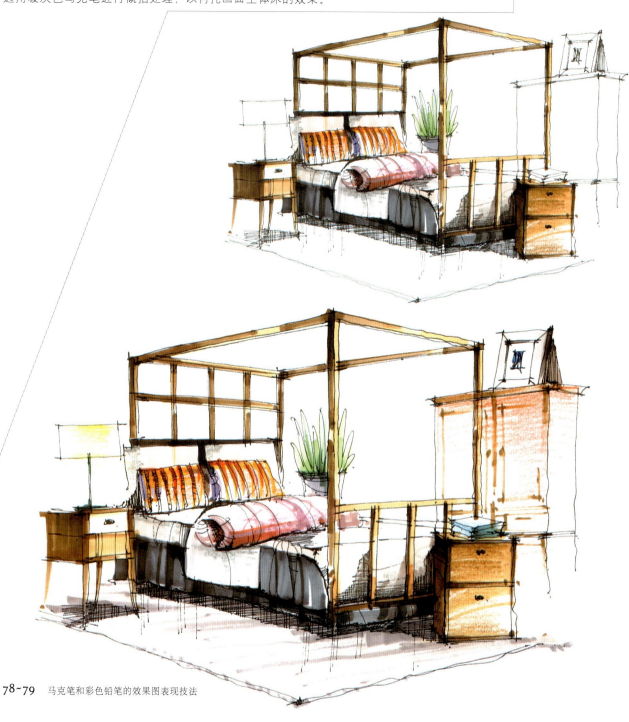

2．沙发的步骤图表现

步骤一：沙发的形体结构复杂，表面比较松软，在用针管笔勾线时应采用弧线和直线相结合的手法。形体的轮廓多用直线来概括，而沙发的一些软装饰则采用弧线来表现。应处理好茶几与沙发的空间关系，茶几的金属支架透视要准确、用笔灵活多变。

步骤二：沙发表面为皮质材料，在表现时应先用棕黄色彩铅进行处理，然后用暖色系的美国马克笔处理其暗面的变化，中间色则保持固有的纯度。茶几的处理则选用韩国的马克笔进行大笔触的概括，同时用马克笔的尖端丰富其亮面的投影。

步骤三： 用彩色铅笔处理沙发上的布艺靠垫，彩色铅笔的笔触应和布艺靠垫的纹理相一致，同时应考虑到形体受光照所产生的变化。投影的部分可采用深灰色马克笔与彩色铅笔相融来表现。

步骤四： 最后用纯度较高的绿色点缀木制茶几上的花卉，丰富画面的效果。在投影的处理上则采用彩色铅笔与马克笔相结合的方式，用不同材料的特性来体现投影的层次渐变。

一、塑造空间的主要方法

在塑造空间时，主要要考虑到室内的界面关系及光线所营造的特殊气氛，要以表现室内整体环境为主要目的，室内一切构件的色彩及材质变化都要遵循这个原则。在绘制时要本着先整体后局部的原则来进行。对一些处于暗部的物体要进行大胆的虚画，亮部的物体则要进行概括的处理。应多用灰色系来表现物体的材质特点。灯光的处理也是绘制的重点之一，有时一个空间会受到人工照明和自然光照明两种不同照明的影响。首先要分清主次光源的作用，对像吊灯、桶灯、射灯这样的点光源应该加以强化；对灯带这样的虚拟光源应该用柔和的方式进行表示。在表现灯光时，可以多用彩色铅笔进行绘制，这样容易表现出光源的层次变化。

二、室内局部的绘制图与分析

1．中式风格的室内空间表现

步骤一： 先用一点透视的原理绘制出室内的结构框架，视点的位置和高度应符合人体工程学的标准，根据室内的高度大约应定在1.3米左右。视点的位置在图面上居中，所有室内家具及装饰的造型要符合室内的透视变化，绘制的线条要简洁而肯定，一根线条要代表一个形体关系。根据物体的结构和材质特点，线条要有虚实轻重的变化，同时对物体的投影要进行归纳，要很好地表现出整个室内的空间进深感。

步骤二： 根据我们所表现的照片情况，来充分分析室内正体色调和光环境。先用彩色铅笔处理顶部的暖色光源变化，要注意光照的强弱变化。在处理墙面壁纸时采用彩铅和马克笔相结合的办法来表现壁纸的纹理变化。电视柜位于室内的背光处，所占暗部面积较多，在处理时应该用深色的笔触进行概括，在受光的亮部留下一些高光点即可。画面右侧的中式屏风也要采取上实下虚的处理手法，用马克笔的小笔头一端处理它的特殊材质感。

步骤三： 先画出位于窗帘两端台灯的光照环境，光环境照射以外的物体要进行大笔触的虚画。窗帘的明暗变化要和灯光的照射方式相一致，同时用马克笔的小笔头刻画窗帘暗部的细节。台灯和地灯的灯罩作为发光体也要尽量地表现出层次的虚实。

步骤四： 在绘制靠近阳台的沙发时，要充分考虑到沙发的逆光效果，暗部处理得要有层次而富有变化，同时要表现出沙发上软织物的材质特性。对画面中间的黑色茶几进行表现时要采用概括的手法，暗面整体要采用深灰色进行表现，同时注意反光的变化；亮部则考虑到自然光和灯光的照射，要作减法处理。用马克笔的粗细笔头相互结合的方式进行表现，但注意用笔要轻快，避免因笔触停留时间较长而留下水印。作为物体前端的沙发则要进行整体的概括表现，越是靠前的物体越应该虚画，体现其整体性。

步骤五： 在处理画面的地毯时，先用彩铅进行平铺绘制，然后根据光影变化加重暗部层次，用马克笔的小笔触灵活地处理地毯的纹理变化。画面的右侧的三人沙发则用彩色铅笔进行简略的概括。

步骤六： 最后调整阶段要适当地加重物体的转折，用简练的笔触概括出地板的颜色及投影变化。我们可以选用修正液进行局部的高光提亮，丰富画面的亮度变化。在完成整幅作品后，我们应该能够清楚地看到：要塑造好一张手绘表现图并不是对室内的每个物体进行精雕细琢，而是要在遵循大环境的前提下进行有重点的表现，这样才能体现出马克笔快速的表现特点，这一点是所有同学都应该注意的地方。

步骤一

步骤二

步骤三

步骤四

步骤五

步骤六

实景照片

2．欧式风格的室内空间表现

步骤一： 我们所选用的参考照片具有典型的欧式风格，但整个图面的色彩关系对比较弱，在进行马克笔表现时应加强明暗的对比变化，丰富画面层次。在勾线时应注意家具的细节处理，特别要强调一些具有欧式特点的线脚的转折变化。在对空间的处理上要很好地利用成角透视的原理加强空间的进深，靠物体的前后遮挡增强室内的空间感。

步骤二： 先用彩色铅笔绘制水晶吊灯的整体质感，再用韩国的木色系列马克笔表现窗框、门框和墙面的木做装饰，处理的时候要考虑到周围环境受光照所产生的变化。布艺沙发的处理选用美国的浅粉色马克笔进行表现，同时留出物体的受光区。欧式茶几的暗部则采用棕色和深灰色马克笔相叠加的表现方式，使其颜色沉稳而富有层次；亮部的处理则可以采用纯度较高的浅颜色进行表现。

步骤三： 在进行深入刻画时窗帘的绘制是一个难点，应该把它和墙面、室外的空间作为一个整体来进行表现。先用彩色铅笔对窗帘的颜色进行整体的绘制；再用粉色的马克笔加强纹理的变化；最后根据光环境的影响处理窗帘的虚实。植物的形体变化丰富，但也应该强调它和周围环境的融合，我们可以选用马克笔的小笔头一端对其枝叶进行勾勒。同时要加强主吊灯的材质特点，力图体现富丽堂皇的视觉效果。壁灯的光源则应做虚处理，在画面中点到为止。

步骤四： 对画面中的其他家具用概括的手法加以描绘，使其在画面中承担好配角的作用。处在逆光处的物体应强调其轮廓的形态，同时有意识地加强茶几、沙发、绿色植物、窗帘这四者之间的空间纵深感。对地毯的刻画要和室内投影的整体变化结合起来，表现出暗部背光的画面效果。最后再用颜色较纯的绿色和粉色刻画茶几上的花卉，在画面中起到点睛的作用。

步骤一

实景照片

步骤二

步骤三

步骤四

步骤一

3. 现代风格的室内空间表现

步骤一： 所选用的这幅图片受自然光的影响较大，室内的整体效果处在逆光的环境里，表现起来具有一定的难度。画面由浅黄色木质和深蓝色布艺两种主要的对比色组成，表现时应处理好主次色调之间的关系。用针管笔勾线时要有侧重地表现画面的节奏，远处的百叶窗和沙发作为画面的一个重点；近处的餐桌是画面前端的视觉中心。物体的细节表现在线稿阶段，不用绘制得面面俱到，应给马克笔留下一些发挥的空间。顶部和其他墙面装饰的处理要做到简明而概括。

步骤二： 处理逆光墙面时选用韩国马克笔的灰色系进行表现，在处理时不要平均地对待逆光效果。然后选用木色系列的马克笔对画面的木做装饰及家具进行统一处理。根据光影的变化加深画面层次感，同时利用马克笔的小笔头勾点木质的天然纹理，用笔要洒脱而生动。

步骤三： 把画面远处的木质百叶窗和沙发作为一个整体统一进行表现。沙发的布艺靠垫要充分遵循光照的效果，在灰色系中寻求色彩变化。木做地台作减法处理，力图表现出亮面的光感，与画面前端灰色的鹅卵石地面形成色彩纯度和明度的对比。画面前端蓝色的布艺休闲椅要尽量表现逆光的特点，选用沉稳而雅致的蓝色，同时椅子投影的变化要和光照的变化相一致。餐厅上方的三盏小吊灯用浅黄色铅笔进行表现，作为辅助光源不应过分强调其光照的变化。

步骤四： 调整阶段用纯色和黑色相结合的方式表现餐桌上的玻璃器皿和水果。用深灰色的马克笔对投影的虚实变化进行强化，同时勾勒出物体的边缘形。可以选用白色油漆笔对物体的高光部进行点缀，丰富亮面的层次变化。在这样一幅黄蓝两种对比色组合的画面中应该以暖黄色为主色系，整体色彩的变化都要遵循这一规律。同时对地面和墙面的一些细节要进行大笔触的概括，为突出画面的中心主体起到衬托作用。

步骤二

步骤三

步骤四

实景照片

第四节　室内整体空间的表现技法

一、住宅室内空间的表现方法及步骤

　　住宅室内空间是我们工作中最常见的设计项目，由于建筑房型的多样化，导致了室内空间的变化较为复杂。在设计方案的推敲阶段为了便于设计思路的沟通，许多设计师会采用徒手勾线和马克笔相结合的快速表现形式，这样能在最短的时间内再现设计师的设计构思，便于方案的尽早确定。这种方式也成为设计师必备的基本功之一。如要绘制这样一张表现图，就需要设计师具备良好的设计经验，对方案实施后的效果有一定的预见能力，同时熟悉室内装饰材料的不同特点。

范例1：住宅室内空间——卧室的快速表现

步骤一： 在设计构思确定后选用自动铅笔勾勒出室内空间的大结构，选用平角透视的原理增强室内空间进深感，然后再选用0.4的勾线笔，采用徒手勾线的方式描绘出室内方案的墨线稿。勾线时线的运用要洒脱而肯定，对室内的重点进行较为细致的刻画，其他部位一律概括处理。整幅线稿的绘制时间控制在20分钟内完成。

步骤二： 用彩色铅笔有重点地表现墙面的阴影变化，调子的运用要有虚实的变化，然后用马克笔概括出床及床头柜暗处的阴影。在床头台灯的刻画上要注意光源对周围物体的环境色影响。

步骤三： 选用木色系列的马克笔大笔触表现衣柜的材质特点，在暗部及亮部的表现方式上切忌大面积的平涂，因为这样会使物体的暗面表现得很死板。应该本着上实下虚的原则利用马克笔笔触的纹理表现木质的材质特性。磨砂玻璃门则用灰蓝色进行表现。冷色调的玻璃应和暖色调的光源在色彩上形成统一。写字台、休闲椅和黑色皮质沙发的处理都采用概括的方式点到即可，可加入彩色铅笔的笔触来丰富质感的效果。

步骤四： 画面收拾阶段先选用彩色铅笔表现床上纺织品的质感，笔触尽量粗糙。床头上的装饰画采用抽象的画法进行表现。我们选用灰绿色的马克笔对室内的植物和窗外景色进行统一概括。地毯受到暖光源的影响呈暖灰色，用韩国灰色系马克笔进行快速表现。最后，选用白色的修整液对装饰画和玻璃门的高光部位进行提亮。整幅画的完成应控制在一个半小时左右。

步骤一

步骤二

步骤三

步骤四

范例2：住宅室内空间——起居室的快速表现

步骤一： 针对这幅典型欧式风格的起居室设计方案，我们选用0.3的勾线笔对其室内装饰进行表现。对以沙发为中心的实体家具刻画要精细到位，不要忽略对物体细节的表现。但对画面的吊灯、窗帘、绿色植物则采用只勾勒物体轮廓的方式。由于地面是大理石材质，反光度较高，则需要用密集的短线条表现出阴影变化。

步骤二： 选用韩国的暖灰色马克笔对墙面进行概括处理，在刻画时应采用两头实中间虚的灯光效果。接下来用木色系马克笔对左侧墙面的木做造型进行整体表现，但是要注意留出室外光照射在墙面上的高光区域。用灰绿色的彩铅处理作为画面远景的室外植物。

步骤三： 在深入阶段选用较深的木色来丰富墙面的变化，对二层观景平台的转折处和一层壁炉的暗面进行加深处理。利用马克笔的小头刻画墙面的木质纹理，对壁炉的暗面用黑色进行表现。选用颜色适当的马克笔表现窗帘的质感，要注意表现窗帘的透光性，同时用彩色铅笔简单处理沙发和地毯的暗面。金属茶几则侧重表现其光亮的质感。

步骤四： 用暖色彩铅和黄色马克笔表现水晶吊灯的光环境，用黄色彩铅处理灯光在墙面上的反射。同时用深灰色的马克笔表现沙发的逆光面以及休闲椅、茶几、沙发在地毯上的投影变化。用马克笔的细端刻画位于壁炉上的金属器皿和透明金属茶几上的铁艺烛台。地面除木做墙面的投影外基本不作处理，表现其较强的反光度。

步骤五： 进入到调整阶段用深灰色概括墙面的投影，丰富墙面的笔触变化；用灰色彩铅处理墙面装饰在大理石地面的倒影关系，但要注意近实远虚的光线变化。用冷灰色的彩铅加强沙发和茶几的暗面，强化投影形的渐变。室内的植物则选用灰绿色的马克笔进行概括处理。亮度的高光则用油漆笔提亮。这样一幅复杂的欧式起居室在表现时最忌讳面面俱到。绘图者一旦掉入局部将很难控制好画面的全局。所以说我们应该有目的地选择画面重点，并对其进行精细的刻画，其余附属部分则应作简洁的处理，这样才能真正做到突出表现目的的作用。

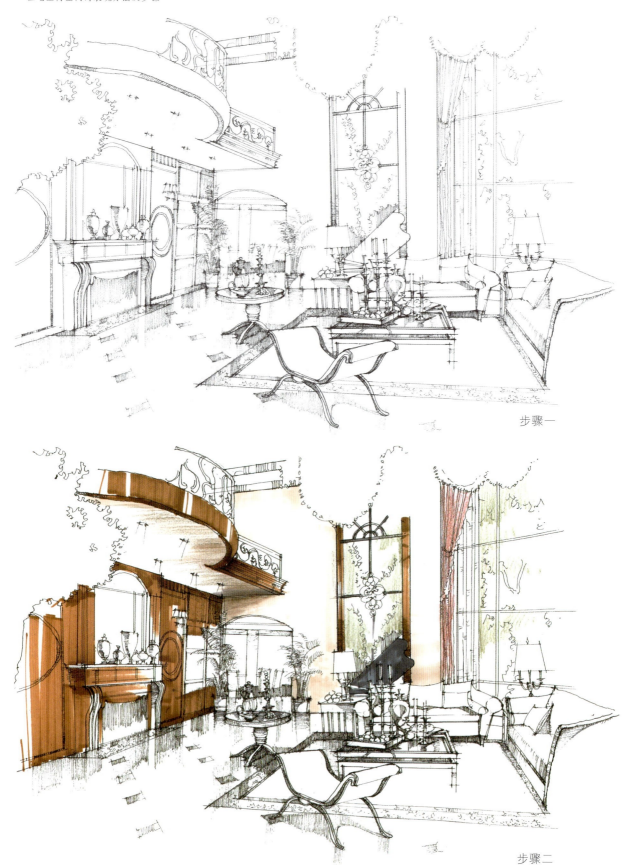

步骤一

步骤二

步骤三

步骤四

步骤五

二、公共室内空间的表现方法及步骤

　　公共空间的室内面积较大，结构复杂，层次变化丰富，室内的单体构建种类较多，所选用的装饰材料种类繁多。在进行手绘快速表现时应注重室内整体气氛的营造，注意画面整体的色调关系，特别要注意整体画面的概括与提炼、选择与集中，保留那些最重要、最突出和最有表现力的东西并加以强调；而对于那些次要的、变化甚微的细节进行概括、归纳，简化层次形成对比，才能够把较复杂的形体有条不紊地表现出来，画面也才会避免机械呆板、无主次，从而获得富有韵律感、节奏感的形式，有利于表现建筑的造型特征，有利于表现出室内空间的造型特征。

餐饮空间步骤图分析

步骤一： 餐饮空间的线稿绘制应该用线灵活，通过线的虚实、粗细变化来表现室内的空间进深和材料的肌理特点。通过徒手线条的组合和叠加来表现整个环境场所的形体轮廓、空间体积和变换的光影。同时要对作为画面视觉中心的餐桌椅进行细节处理，对其他的周边环境则有目的的取舍。

步骤二： 先用彩色铅笔处理顶棚的灯光变化，根据光影的透视原理、光照的正确方向来表现室内光源的强弱。而光影的强调与削弱也决定着室内空间感的纵深变化，也决定着画面视觉中心的位置。然后用彩铅处理砖石墙面和玻璃幕墙，营造出黑、白、灰对比明显的室内整体感。色彩的选用则以灰色系为主，冷暖之间有所联系，色调和谐而统一。

步骤三： 进入到深入刻画阶段，用马克笔对彩铅塑造的材质及形体进行深层次的刻画，借助轻而灵活的笔触表现材质的特点。地毯的变化丰富，在表现时要学会提炼和概括的手法，客观的景物是包罗万象的，甚至是变化丰富零乱琐碎的。我们画表现图不是简单的再现事物，不是将看到或想象的景物照抄照搬下来，而是要对表现的物体进行梳理，舍弃与整体画面关系无关或有碍的细节。一切表现方式都要为突出画面主体服务，所以地毯的表现应该采用灵活而概括的手法，把它的材质特点和餐桌椅的投影变化结合起来进行表现。

步骤四： 在整体画面关系确定以后对室内的家具进行刻画，用彩铅表现其纹理特点，用马克笔的小笔触勾画其表面纹理。同时要结合暖色的光源进行主观的处理。彩色铅笔与马克笔进行融合形成较为细腻的画面效果。整幅画面应体现马克笔清新、洒脱、豪放的笔触和彩色铅笔细腻、柔和的绘制特点，把二者的长处相结合，体现画面的整体感。

步骤一

步骤二

步骤三

步骤四

▶ 1.

▶ 2.

▶ 3.

一、单体建筑的快速表现原则

1. 画面的构图安排：在构图时要求对整体画面有一个整体的思考和安排，养成意在笔先的习惯。初学者可先用铅笔起稿，画出建筑的大致尺度，这样比较容易驾驭整个画面的关系。建筑在画面中应该占据主体或中心的位置，但形体不宜画得过大，所占面积过多，这样反而会使人感觉空间十分的局促，有一种压抑感。

2. 画面的取舍得当：建筑本身形体复杂，墙面与窗面的装饰较多，在进行表现时要根据建筑立面的特点进行取舍。如利用高大的树木来遮挡建筑，形成一定的空间关系，打破死板的构图，或利用前后建筑的错落变化增强画面的虚实效果。如遇到线脚造型变化丰富的欧式建筑，对其次要的细节要进行归纳和简化，这样才能突出建筑的中心，使整个建筑的层次鲜明。

3. 画面色彩的调和：建筑及其周围环境色彩十分丰富，常遇到多种颜色相组合的画面，要控制画面的色彩关系，就要有一种颜色成为画面的主色调，而其他颜色的冷暖变化要以它为依据。户外建筑多受自然光的影响，光源色的色素越强，色调的倾向性就越明显，反之倾向性越小。同一景物因季节、时间不同，光源的色彩倾向也会产生变化。我们在进行表现时应仔细观察，掌握好不同时间段光源色的变化规律，控制好画面效果。

二、环境景观的快速表现原则

1．植物的表现手法：近景和中景的植物应采用中国画中以线造型为主的形式来表现植物的姿态与神韵。要刻画清楚枝叶、树干、根茎的转折关系，用笔要有较强的节奏感。在对远景的树进行处理时应采用光影画法，就是按不同的树种归类为不同的基本形态，画出其在阳光下的效果。目的在于表现树的体积感和整体的树丛变化。

2．山石的表现手法：山石以其独有的形状、色泽、纹理和质感成为景观中的重要元素之一。表现时要着重体现石头的立体感，线条的顿挫曲折变化应与石头自身形体的转折相一致。同时应注重在日常写生中对石头的不同形态进行研究。

3．水景的表现手法：水景在景观中的表现形式很多，有人工的湖泊、池塘、瀑布、喷泉、叠水、水幕等。水景在园林中的作用就是利用其特质柔化和贯通空间。画水就要画它的特点、画它的倒影和流动性。水在阳光的照射下会产生很多倒影，对这些倒影要进行概括的处理，表现出水面波光粼粼的特点。

▶1.

1.

2.

▶ 3.

三、景观表现图的绘制步骤

步骤一： 根据景观中不同构成元素的材质特点，运用不同的笔法进行表现。作为前景的铺地应用概括的手法进行塑造；处于中景的草坪应进行细致地描绘，力图体现其层次丰富、品种多样的特点；叠水的处理应注重落差的变化，线条简明而准确；处于远景的植物和楼体则要进行取舍和概括，注重景观与楼体轮廓分界线的虚实。

步骤二： 选择多种绿色的彩铅对草皮进行平铺式的绘制。在绘制时应遵循色彩前冷后暖的变化规律，通过颜色的冷暖变化加强室外空间的纵深感。

步骤三： 选用冷灰色系的马克笔表现石头和鹅卵石地面的肌理效果，注意光照角度与用笔方法的一致性。用马克笔表现作为背景楼体的外檐色彩变化，用其外檐的明暗衬托出室外景观的轮廓。

步骤四： 用水溶彩色铅笔表现湖面及叠水瀑布的效果，对喷泉的处理要采用留白的方式，同时加强画面逆光处环境的表现，注意冷暖灰色的搭配。最后用绿色的马克笔刻画植物的层次变化，加强画面的进深空间关系，强化水面及周围环境的对比。

步骤一

步骤二

步骤三

步骤四

1.

2.

3.

4.

1. 作者：刘宇

　点评：用马克笔和彩色铅笔结合的方法来表现家具的材质特点，两种材料的特性结合的较好，材质表现逼真，光影层次丰富。

2. 作者：刘宇

　点评：欧式沙发的表现准确而生动，布艺的质感刻画逼真，画面光照方式统一，主体与画面配景的结合较好，色彩变化丰富。

3. 作者：刘宇

　点评：运用马克笔概括地表现沙发形体，笔触与形体结合的较好，光影的变化虚实得当，画面的灰色调层次丰富。

4. 作者：刘宇

　点评：用简洁和概括的笔触表现家具的造型，笔触的用法灵活，虚实得当，冷暖颜色之间搭配合理。

▸ 1.

▸ 2.

1. 作者：张坤

   点评：画面的重点表现突出，整体感很强，木质地板的质感和纹理表现得逼真。

2. 作者：李磊

   点评：画面的灰色调处理十分雅致，层次变化丰富，装饰细节的处理准确而到位。

3. 作者：金毅

   点评：画面十分注重对人造光源的光环境处理，很好地表现出地面的反光层次变化，画面冷暖色调搭配得当。

4. 作者：李佳

   点评：画面材质特点表现得准确而到位，墙面瓷砖采用了概括的手法进行处理，橱柜的光影层次变化准确而到位。

3.

4.

1.

2.

▶ 3.

▶ 4.

点评：

1. 作者：刘宇
   点评：室内纺织品表现细腻而生动，运用灵活的笔触恰当地表现出不同材质的特点，画面色调和谐，层次分明。

2. 作者：张坤
   点评：画面生动地运用马克笔笔触来体现材质的纹理特点，笔触与光照的方向表现一致，但笔触表现方法有所雷同，应加以注意。

3. 作者：刘敬成
   点评：画面恰当地运用了彩色铅笔表现物体细腻的特点，生动地刻画了客厅的室内效果，光影层次变化丰富。

4. 作者：柴恩重
   点评：运用灰色系表现办公空间的现代感，画面的灰色调十分恰当地表现了材质和光影的特点。笔触运用灵活多变。

作者: 杨洋

点评: 这是一幅对照照片进行表现的建筑效果图, 建筑的整个色调统一, 笔触变化与光照的方式相一致, 表现的整体感很强。

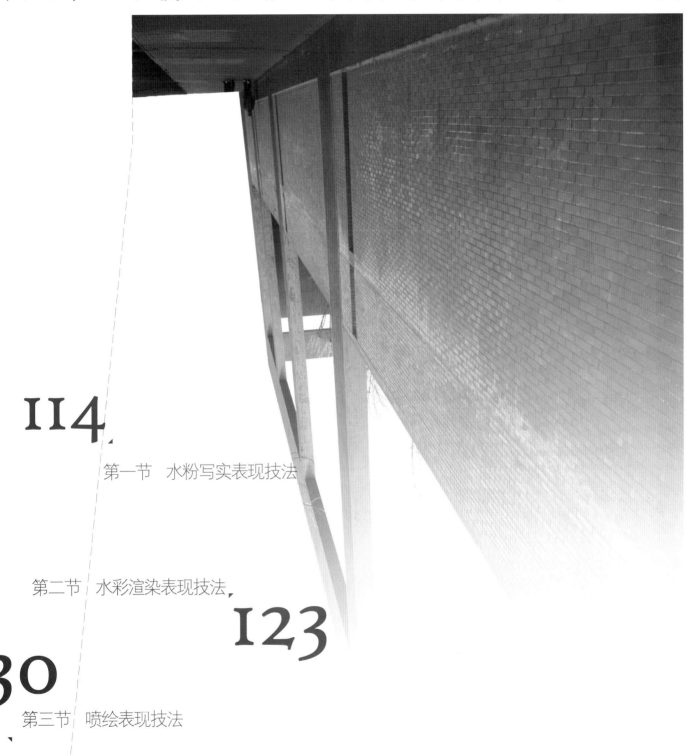

第八章 水粉、水彩、喷绘的综合表现技法分析

第一节　水粉写实表现技法

一、　绘制材料的特点与表现力

1．水粉材料的特性

　　水粉颜料主要是以水为调和物的一种表现颜料，其特点是表现力丰富，运用简便，能真实地表达设计构思和创意，是常用的效果图表现材料之一。水粉颜料由于含有粉质，覆盖能力强，对画面深入表现的余地很大，能够兼有水彩和马克笔的双重优点，能很精确地表现所设计的空间的物体质感。光线变化和室内空间色调在表现的手法上也有多样化的特点，可以采用叠加的干画法，也可以多加入水分表现其薄画法的特性。其技法运用的兼容性较强，在表现时可采用虚实相结合、干湿相结合、薄厚相结合的特点来进行深入地刻画。同时也可结合喷绘和彩色铅笔的工具特点丰富表现层次。

　　水粉画的颜料品种很多，包装形式各有不同，在选择时可以根据表现的内容不同和画面效果的要求选择不同品牌的颜料。水粉画对纸张有一定的要求，要选用吸水性适中、薄厚均匀的纸张，因为吸水性较强的水彩纸容易使画面变灰，而过于薄、吸水性差的纸无法承受笔触的反复叠加而产生变形的现象。在运用水粉纸绘图前应把纸平整地裱在图板上，起稿时可以用铅笔进行拓印，也可以采用勾线笔直接起稿。水粉笔的种类很多，在选择的时候应挑选含水性较好的平口水粉笔或进口的尼龙笔，因为这种笔比较坚硬，善于表现笔触。在处理物体的边缘线时可选用一些衣纹笔或白云笔。还有一些工具也能辅助效果图的表现，例如槽尺。槽尺是用来画线的，这种尺的中间有一条沟线作为支撑笔的滑槽，塑造物体和画面的结构时我们多会用到槽尺。

2．水粉材料的表现特点

　　在利用水粉颜料进行效果图绘制时，首先要做整体画面的色调渲染，选用中号的半刷刷出画面的基本色调，这种底色一般是画面的中间色调，我们可以借助底色加重或提亮物体，这样可以节省绘图时间。在涂刷底色时，要尽可能地表现出方向一致的笔触，这样可以丰富画面效果，表现背景的肌理。用吹风机把底色吹干后应按照从上到下、先整体后局部的原则作画。先处理画面顶棚天花，通过笔触和颜色的渐变表现出顶棚的空间感，再用槽尺绘制线条勾勒房间的结构，但笔触要轻薄整齐避免出现花乱的效果。接下来依次处理墙面的装饰和室内空间的家具，用水粉笔勾画家具的形体变化和材质特点，要注意家具的变化应符合整体空间光影变化的需要。水粉及颜料的特点是可以反复叠加进行修改，但稍隔一段时间底色就会因化学变化而泛出。室内地面的表现要采用薄画法来绘制，先画出中间色，待颜料干后用比较亮的颜色画出地板受光面积的反光，要注意光照效果的一致性，地板的反光要加入一些环境色。笔触要运用灵活，可以用一些小号的衣纹笔表现细节的变化，在绘制时要充分利用水粉干湿画法的特点表现不同的物体和材质。

在进行室外景观及建筑的表现时，要把建筑作为画面主体进行处理，加强建筑的结构变化，特别是建筑外立面的结构和材质特点要刻画得清晰到位。在表现玻璃幕墙时，要把玻璃的反光和天空的环境作为一个整体来处理。建筑周围环境的配景处理十分重要，要很好地利用近景、中景、远景，加强空间的进深变化，营造画面气氛。在处理配景时应采用归纳概括的手法注意植物、花卉在光照下的变化关系，既要表现出细节又不可喧宾夺主。天空和地面作为室外的大环境都应采用薄画法，云朵采用笔触叠加的方法进行处理，但要注意云彩在天空中的透视变化。地面的处理则应适当地加强投影关系，增强画面的明暗对比。

二、 写实作品的步骤图分析

步骤一：根据选择描绘的实景照片按比例用铅笔在水粉纸上绘制底稿，铅笔线条要清晰可见并准确地表现室内的空间效果及陈设装饰。起稿时可多选用H或HB的铅笔。应注重对室内物体的轮廓线的表现，要避免用橡皮反复涂擦，这样会破坏纸的表面。

步骤二：用较为饱和水粉颜料从顶面开始绘制，同时借助槽尺来勾画室内的轮廓，利用水粉颜料塑造能力强的特点来表现木质装饰的纹理变化。在绘制时应先从中间色开始表现，然后加重暗部层次，再用浅色颜料表现光影照射下的受光区域，最后用小号水粉笔塑造木材的纹理变化。对照片中玻璃镜面的表现是一个难点，玻璃的反光层次较强，植物在玻璃中的变化受到室外光线的影响显得明暗分明。按照从上向下画的原则，逐步退润玻璃的反光效果。特别要注意植物在玻璃反射下的虚实变化。

步骤三： 当画面的上部基本处理完整后，要着重刻画作为画面视觉中心的明清家具。首先应该选用浅棕色整体上一遍底色，然后运用深颜色有层次渐变地加重暗面的明暗变化，暗面的木质纹理料用彩色铅笔来描绘细节。桌椅的亮面应在光线的照射下统一进行处理，多采用薄画法来处理光线照射下的亮面变化。在物体的细节处理上要强调转折处的结构造型，特别是光影在转折处的微妙变化。地面的片石材质应先整体着色，在灰蓝色的色调下进行细节纹理的刻画，可以干笔触刻画石材表面的粗糙肌理，并用细的小号水粉笔勾画石材的缝隙。

步骤四： 最后要根据光照的方向统一调整画面受光区，加强光影变化的一致性，同时对画面中的细节进行精致刻画。对不同材质的小饰品，如：书法、陶瓷、青铜器等进行描绘时要注重体现它的材质特点。进入到最后调整阶段要用笔触大胆概括一些作为背景的虚画物体，力图衬托出画面的视觉中心，增强画面的空间进深感。

局部

步骤图

局部

局部

完成图

点评：

点评：此幅图重点表现浅浮雕的墙面在灯光照射下的层次变化。采用干画法处理墙面的石材肌理，特别是浮雕墙面高光处的表现统一而一致。其他家具和地面则用湿画法表现，效果概括而统一。

1.

2.

▶ 3.

点评：

1. 点评：此图刻画精致，形体造型表现丰富，特别是对灰白色墙面的处理显得恰当而准确，使整个画面笼罩在一种高雅的色调之中。但地毯的处理过于强化细节，没有很好地跟室内光线的变化结合在一起，影响了地面的整体感。

2. 点评：这是一幅非常完美的写实作品，局部与整体表现得淋漓尽致，特别是靠光线表现出了欧式大厅的空间进深感和宏伟的气势。顶棚装饰、墙面柱式及欧式家具的细节都处理得十分精致。整个画面色调高雅，艺术感极强。

3. 点评：利用光影烘托市内气氛是这幅画的成功之处，在灯光的照射下整个室内色调受环境色影响很大。在进行表现时作者十分注重对光影形体透视变化的刻画，同时对环境色的表现也恰到好处。冷暖色调搭配得十分和谐。

1.

2.

3.

点评：

1. 点评：画面的整体空间感表现充分，近景、中景与远景层次变化丰富，冷暖关系处理得当，特别是对细节物体的刻画充分而到位，准确地表现出不同物体的材质特点。同时画面中作为虚处理的背景处理手法概括，很好地衬托了主体。

2. 点评：此图色调和谐，冷暖搭配适当，特别是作为画面背景的窗外植物处理得丰富而含蓄，很好地延伸了室外的空间效果，与画面中心的暖色调沙发形成色调上的鲜明对比。画面细节处理相似但均遵从整体变化规律。

3. 点评：画面注重对欧式家具及自然光照射的环境进行表现，沙发的反光度较低，在刻画时应着重体现其布艺的材质特点，精细地刻画其花纹的细节变化，再现其欧式家具的形态特点。刻画的另一个难点是在光线照射下的地板反光变化，在进行表现时可以采用适当夸张的手法加强画面效果。

1. ▶
2. ◀

点评:

1. 点评: 此幅图墙面的处理十分成功, 用层次渐变的笔触表现墙面的光影变化。作为处在暗面的欧式沙发则着重表现其布艺花纹的变化。其他环节则进行了概括的处理, 画面的重点突出, 层次分明。

2. 点评: 运用细腻而写实的手法表现欧式装饰空间的室内一角, 画面整体色调处理统一, 表现重点突出。墙上的铜镜和皮质的欧式座椅成为画面的视觉中心, 在表现时重点刻画其细节变化和材质特点。对于作为陪衬的壁炉和壁纸采用了概括的处理手法。整个画面很好地统一在自然光的照射下, 显得十分和谐。

1．水彩材料的特性

水彩是一种以水为调和颜料的表现工具，它是室内外表现图的传统技法之一。水彩具有明快、湿润、清透的材料特点，能够表现变换丰富的室内外场景。

水彩颜料的特性是颗粒细腻而且十分透明，色彩浓淡相对容易掌握。在市面上出售的以马丽牌颜料居多。为了增加色彩表现的纯度，我们有时可以混用一些透明水色。水彩画对笔的要求较高，应选用毛质较软的水彩笔或进口的尼龙笔。为了方便大面积作画可准备中号和小号的羊毛板刷各一只。纸的选用要选择吸水性好的、质地厚实的水彩纸，也可选用一些进口的特种纸张进行表现。

2．水彩材料的表现特点

水彩颜料的渗透性很强，颜色的叠加与覆盖力较差，一般最多叠加两到三遍。反复多次叠加会使画面变灰变脏，画面显得十分沉闷。在进行绘制时应由浅至深、由明至暗逐层深入。在物体的高光区应采用留白的处理方法，绘制时应特别注意对水分的掌握，要充分发挥水的特性，表现其变换丰富的画面效果。水彩可分干画法和湿画法两种。湿画法一般是将纸全部浸湿，在湿纸上作画。这种技法要求下笔大胆肯定、一气呵成，不易进行反复修改。其优点是颜色能够得到很好的相融，色彩变化丰富。干画法是指通过笔触的叠加表现其画面的层次变化。在用笔触进行表现时应尽量采用概括的手法。

一张好的水彩效果图要求绘制者有较强的基本功和灵活多变的处理手法，在进行表现时按照颜色由浅至深的层次逐步上色。渲染是水彩技法的基本表现手段，主要有退润、平涂等手法。退润不仅有单一颜色的润变，还有两至三种颜色相组合的润变，这样不仅色彩丰富还能很好地表现出画面的光感、空间感和材质特点。在进行室内的效果图表现时要

从整体入手，从顶棚、地面、墙壁这些决定画面色调的颜色入手，颜色尽量表现准确，一步到位。笔触的运用则要灵活，特别是对植物和纺织品的表现要采用随意的笔触。在刻画时要把琐碎的笔触和丰富的色彩渐变表现在设计的重点对象上，同时要注意局部细节与整体效果的相互关系，要做到近实远虚，特别是对逆光下和投影下的物体细节要进行大胆的概括，不要因为琐碎的细节而破坏了画面全局的效果。

二、渲染作品分析

▶ 1.

▸ 2.
▸ 3.

分析：

1. 分析：用水彩和马克笔相结合的方式处理室内空间，在表现时把水彩的绘画笔触同室内的空间结合起来处理，笔触的节奏变化丰富，画面效果十分生动。在对不同材质的物体进行刻画时，选用不同的笔触对其特点进行表现。整个画面的色彩纯度较高，色彩搭配和谐。

2. 分析：这是一幅国外设计师的水彩表现图，画面十分注重光照对整体环境的影响，利用投影的变化丰富画面的层次，对画面中的细节刻画精致到位，特别是画面中的人物表现得十分生动，很好地和环境融为一体。建筑作为画面的背景处理得概括而整体。

3. 分析：整幅画面的色调清新而高雅，作为主体的白色建筑表现的层次清晰，结构准确，很好地体现出了水彩轻薄明快的材料特点。周围的植物则用生动的笔触进行描绘，利用不同的笔触和色彩的纯度来表现出植物的前后空间关系，丰富画面层次。

三、优秀作品点评

2.

点评：

1. 点评：画面用生动而灵活的笔触营造空间气氛，画面中建筑处理十分严谨，而其他配景如人物、花卉、水体等处理得丰富而多变，使整幅画面显得生动而不凌乱。同时作者注重画面中光影的表现，用极概括的手法归纳光影的变化，营造画面的整体空间感。

2. 点评：这是一幅在特种纸上进行绘制的作品，利用纸的底色来统一画面色调。整个画面的构图形式巧妙，建筑掩映在虚实变化丰富的植物之中。画面的近景和远景处理得都很概括，重点对中景进行深入表现，突出画面中心。

—1.作者：韩雪

　　点评：作者大胆地运用了纯度较高的红色、蓝色和绿色来组织画面，力图在色彩的对比与冲突之中寻求一种平衡。运用水彩的湿画法表现出室外庭院的空间层次变化，尤其是对画面中虚化的物体概括得十分到位。

2.

2. 作者：韩雪

点评：作者巧妙地运用了水彩颜料的水质特性，用灵动而丰富的笔触很好地表现了建筑在自然光照下的丰富变化。
　　　植物在建筑上的投影处理得灵活而富有层次。建筑形体刻画严谨，用笔肯定而到位。

第三节　喷绘表现技法

一、绘制材料的特点与表现

1. 喷绘工具的特性

　　喷绘技法是当代建筑画绘制中主要的表现方式，随着现代工业技术的不断提高，喷笔已能完全地满足表现图绘制的需要。喷绘的优点很多，它能够十分细腻地表现画面的空间层次，光感与质感过渡的和谐而自然，色彩渐变微妙而丰富。特别是对材质的表现有着近似于逼真的能力。对大理石光滑的质感表现得十分逼真；对木质地板的纹理和倒影刻画得十分生动；对于金属和玻璃的强烈反光表现得准确而到位。我们在市面上常见的喷笔如德国的施德楼和美国的红环以及一些国产的喷笔。其喷口的直径为0.2～0.4mm，小口径用来表现物体的细节和画面的景致部分，大口径则用来喷绘大面积的背景。在喷绘的过程中我们要经常使用一些遮挡纸，其质地一定要紧密而光滑，一旦与色彩粘连便会破坏画面的效果，影响被遮挡物的边缘形态。我们可以选用优质的白卡纸或塑料挡纸进行遮挡处理。喷绘所选用的纸张多为绘图纸或进口喷绘纸。其表面应有一定凹凸的纹理，对颜色的吸附力较强。在颜料的选用过程中应主要选用水粉及丙烯颜料。国产的颜料颗粒较大，喷出的效果粗糙，我们可以先稀释颜料中的胶状成分，再进行使用。

2. 喷绘工具的表现特点

　　喷笔为深入而逼真地表现物体变化创造了技术条件，它所表现出的细腻变化增强了建筑画的真实感，特别是对天空、灯光、金属、物体倒影等普通工具难以表现的物体提供了技术支持，能够很好地再现这些物体的真实变化，而且具有绘制速度较快，可以适度修改的特点。但喷笔也有其弱点，特别是对较小较精致的物体表现能力稍差，对物体具体形的表现有一定的模糊性。所以我们在绘制表现图时要把喷笔的表现优势和马克笔、水粉笔的优势结合起来，取其长处为表现画面的效果而服务。

二、优秀作品点评

点评：

点评：建筑主体的冷色调与天空的暖色调形成鲜明的色彩对比，作者是着重表现建筑表面材质的肌理变化，特别是建筑主体在光照下的冷暖变化。地面、绿化和汽车都进行了概括的处理，丰富了建筑底部的空间关系。同时天空由冷及暖的变化关系也和画面的主色调很好地结合在一起。

1.

2.

点评：

1. 点评：此图充分表现了喷绘技法的特点，通过喷笔的绘制，整个画面的效果细腻而逼真，特别是天空的色彩处理的渐变柔和。建筑主体表现的层次分明，光影变化自然。画面中的景观环境采用水粉绘制的手法，笔触和植物的形体变化结合得十分恰当。整个画面空间纵深感很强，喷绘技法和水粉写实技法结合得十分出色。

2. 点评：这是一张喷绘的建筑鸟瞰图，整体的冷色调很好地突出了建筑作为画面主体的作用。作者在表现时注重建筑形体和光照方向之间的变化关系。由于画面表现场面宏大，在处理时应注重画面的主次关系，不能处理得面面俱到，同时利用投影丰富建筑的空间进深。作为远处的配景则要大胆虚化，并注重与建筑主体之间的空间层次关系。

3. 点评：作者选用独特的视角表现建筑在夜景下的视觉效果，着重刻画光感从建筑顶部到底部的微妙变化。尤其是对建筑细节的表现准确而到位。建筑的前广场和周围道路在夜景灯光照射下的微妙变化也被刻画的含蓄而生动。大面积的夜景环境则采用了体块式的概括手法。蓝灰色的夜景很好地衬托出了灯光下的建筑主体。

点评：

1. 点评：画面色调高雅，冷暖色调搭配和谐，建筑外檐的材质表现十分逼真，很好地发挥出了喷笔技法的优势。利用水粉塑造的周围环境对主体建筑起到了很好的衬托作用，特别是叠水瀑布的表现含蓄而生动，采用喷绘和水粉小笔触的结合方式表现水的动感和空间感。

2. 点评：建筑外立面造型独特，采用水彩退润的画法表现建筑在光照下的层次变化。同时天空采用先喷绘后水粉叠加的方式处理云层的体积感和天空的层次关系。主体高层建筑作为画面中心，主观地加强其明暗对比变化，其他的低矮建筑采用概括的表现方法只对其轮廓进行表现，其他细节则一带而过，起到了很好的突出主体的作用。

点评：

1. 点评：超高层建筑是国外建筑画常表现的题材
之一，画面生动逼真地描绘了超高层建
筑的形体及细节变化，很巧妙地利用光
影处理建筑前后的空间感。空间作为画
面的背景采用了喷绘和彩色铅笔相结合
的表现手法，显得丰富而富有变化。画
面中的植物和河道并没有因为其配属位
置而被忽略，相反画得也是栩栩如生。

2. 点评：建筑外立面刻画精致，很好地表现出
建筑的结构变化，建筑主体与周围关系
处理得当，很好地衬托出建筑在画面的
中心位置。采用水粉的薄画法处理天空
效果，显得整体而富有变化。天空的大
笔触变化与建筑的细节刻画形成鲜明的
对比。

▶ 1.

点评：

点评：图面重点表现建筑玻璃幕墙的反光效果，在绘制时应该把玻璃幕墙和天空作为一个整体来进行表现。天空部分先进行整体喷绘，再用水粉颜料刻画出云层的厚度和立体感。而建筑玻璃幕墙上的云朵反光则要进行虚化。

作者：张权

作者：金毅

作者：夏婕

作者：夏婕

作者：赵杰

作者：金毅

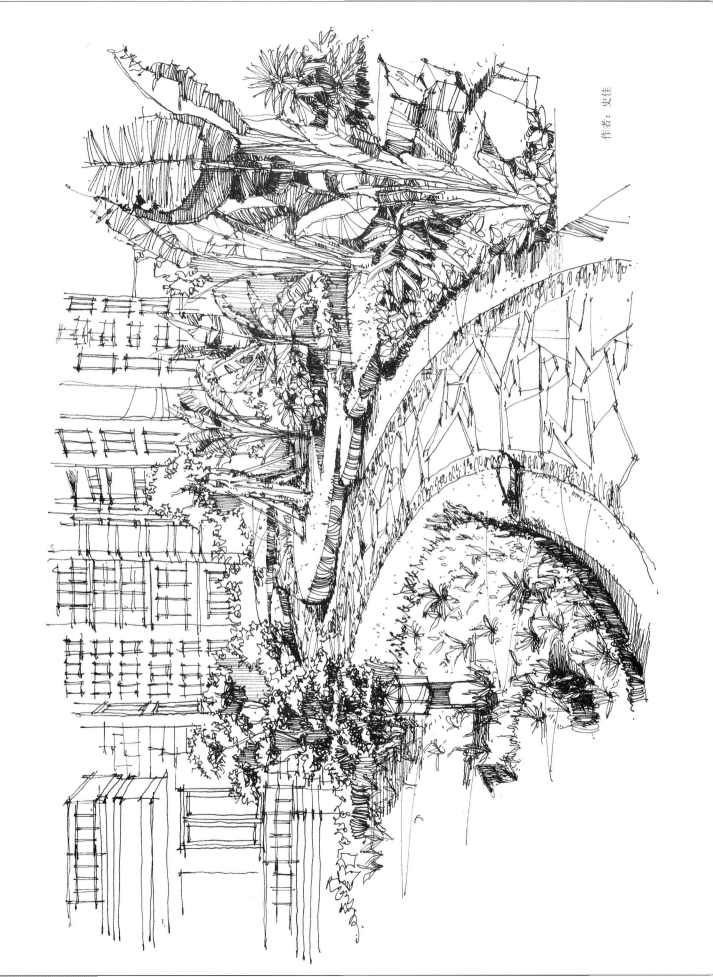

作者：史佳

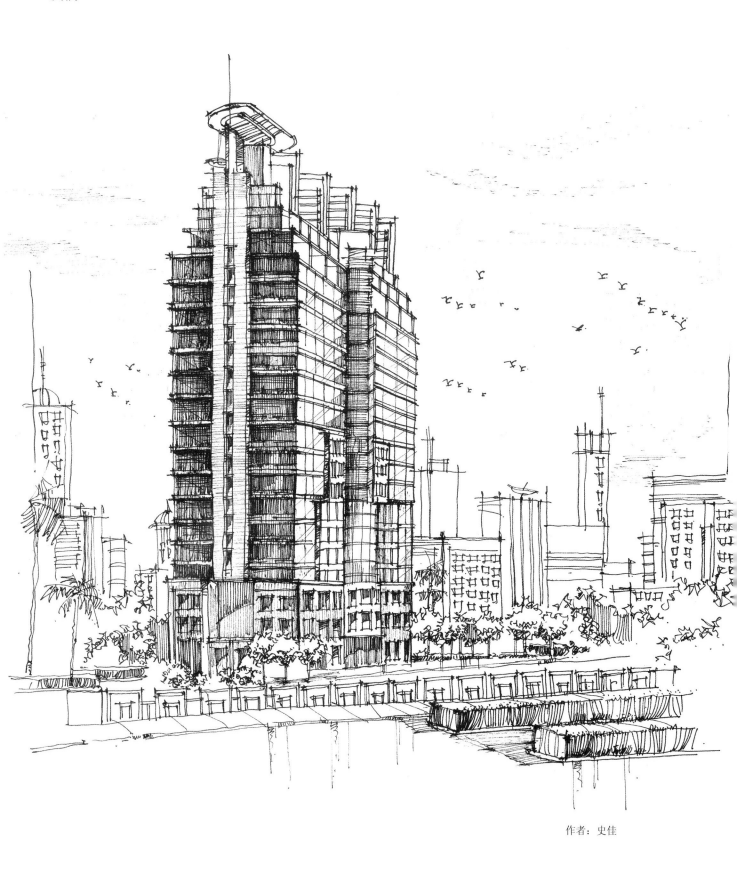

作者：史佳

作者：张权

作者：吴雪凌

作者：李磊

作者：王苗

作者：吴雪凌

作者：吴雪凌

作者：赵杰

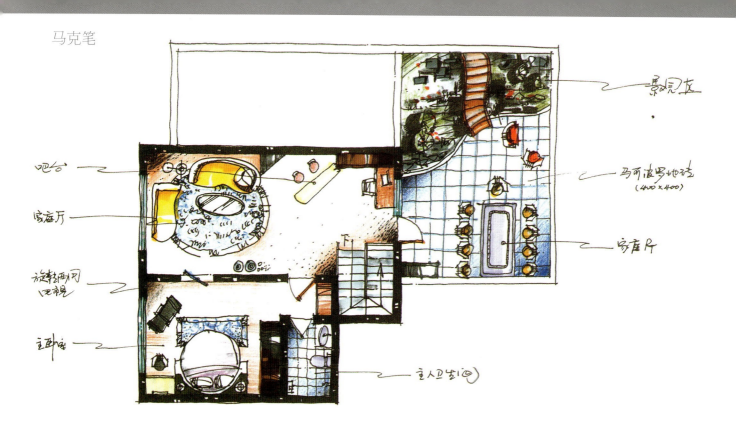

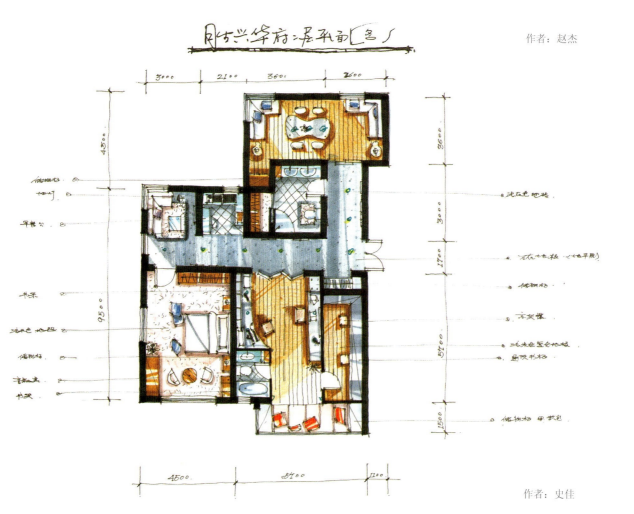

作者：赵杰

作者：史佳

作者：刘宇

作者：刘宇

作者：刘宇

作者：刘宇

作者：刘宇

作者：张越成

作者：金毅

作者：刘宇

作者：赵杰

作者：赵杰

作者：刘宇

作者：吴雪凌

作者：刘永哲

作者：刘宇

作者：刘宇

作者：刘宇

作者：杨洋

作者：吴乃松

作者：王苗

作者：王苗

作者：金毅

2006.8.8

作者：赵杰

作者：赵杰

公寓住宅景观 2007.04.18

① 自行车（机动车）
② 花坛
③ 小型排水机动车
④ 草坪
⑤ 铺装机
⑥ 游路（地人）
⑦ 小型铺装机
⑧ 树池
⑨ 特色铺装机
⑩ 花钵机
⑪ 喷水

作者：刘宇

① 泳地
② 汤泗
③ 休憩机
④ 家庭聚会地
⑤ 展示地
⑥ 下沉庭院水景幕墙
⑦ 主入口
⑧ 草坪地
⑨ 下沉庭院区

北京美术馆庭院景观设计方案（一）

作者：赵杰

作者：赵杰

手绘技法的学习是一个不断加强和完善的过程，从临摹图片开始逐步走向自我的风格表现，并在摸索技法的同时注重技法与思维的结合，使表现更好地为设计服务。

此书所选用的资料有些是我近两年的手绘作品，还有一些优秀的国外效果图，同时天津理工大学艺术学院、天津美院环艺系和天津大学建筑学院的部分同学也提供了优秀的作品，丰富了此书的内容。在此，我要深深地感谢曾经教育和指导过我的天津美院环艺系和天津大学建筑学院的老师们，以及许多朋友、学生和亲人的支持。因名单太长而且难免疏漏请恕我无法一一列出，但我相信看到这句话的人会感知我发自内心的真诚谢意。

愿此书能为广大学习艺术设计的学生提供一些启迪和帮助。

后记

主要参考文献:

1.《设计与表现》杜海滨 编著 辽宁美术出版社 1997年3月第1版

2.《设计表现技法》梁展翔 李永絮 编著 上海人民美术出版社 2005年2月第2版

3.《手绘表现图技法》吴晨荣 周东梅 编著 东华大学出版社 2006年1月第1版

4.《表现技法》刘铁军 杨冬江 林洋 编著 中国建筑工业出版社 1996年6月第1版

5.《手绘室内外设计效果图》陈新生 著 安徽美术出版社 2004年12月第1版

6.《THE AIR OF ARCHITECTURAL ILLUSTRATION2》

7.《NYSR portfolio of architectural & interior rendering》